畢達哥拉斯的復仇

PYTHAGORAS' REVENGE
A Mathematical Mystery

Arturo Sangalli  著

蔡聰明  譯

三民書局

國家圖書館出版品預行編目資料

畢達哥拉斯的復仇 / Arturo Sangalli著;蔡聰明譯.——
初版四刷.——臺北市：三民，2019
面；　公分.——(鸚鵡螺數學叢書)

ISBN 978-957-14-5632-4 (平裝)

1.數學 2.通俗作品

310　　103026035

© 畢達哥拉斯的復仇

著作人	Arturo Sangalli
譯者	蔡聰明
總策劃	蔡聰明
發行人	劉振強
發行所	三民書局股份有限公司 地址　臺北市復興北路386號 電話　(02)25006600 郵撥帳號　0009998-5
門市部	(復北店) 臺北市復興北路386號 (重南店) 臺北市重慶南路一段61號
出版日期	初版一刷　2015年1月 初版四刷　2019年6月
編號	S 316910

行政院新聞局登記證局版臺業字第〇二〇〇號

ISBN 978-957-14-5632-4 (平裝)

http://www.sanmin.com.tw 三民網路書店

《鸚鵡螺數學叢書》總序

本叢書是在三民書局董事長劉振強先生的授意下，由我主編，負責策劃、邀稿與審訂。誠摯邀請關心臺灣數學教育的寫作高手，加入行列，共襄盛舉。希望把它發展成為具有公信力、有魅力並且有口碑的數學叢書，叫做「鸚鵡螺數學叢書」。願為臺灣的數學教育略盡棉薄之力。

I 論題與題材

舉凡中小學的數學專題論述、教材與教法、數學科普、數學史、漢譯國外暢銷的數學普及書、數學小說，還有大學的數學論題：數學通識課的教材、微積分、線性代數、初等機率論、初等統計學、數學在物理學與生物學上的應用等等，皆在歡迎之列。在劉先生全力支持下，相信工作必然愉快並且富有意義。

我們深切體認到，數學知識累積了數千年，內容多樣且豐富，浩瀚如汪洋大海，數學通人已難尋覓，一般人更難以親近數學。因此每一代的人都必須從中選擇優秀的題材，重新書寫：注入新觀點、新意義、新連結。**從舊典籍中發現新思潮，讓知識和智慧與時俱進，給數學賦予新生命**。本叢書希望聚焦於當今臺灣的數學教育所產生的問題與困局，以幫助年輕學子的學習與教師的教學。

從中小學到大學的數學課程，被選擇來當教育的題材，幾乎都是很古老的數學。但是數學萬古常新，沒有新或舊的問題，只有寫得好或壞的問題。兩千多年前，古希臘所證得的畢氏定理，在今日多元的光照下只會更加輝煌、更寬廣與精深。自從古希臘的成功商人、第一位哲學家兼數學家泰利斯 (Thales) 首度提出兩個石破天驚的宣言：**數學要有證明**，以及**要用自然的原因來解釋自然現象**（拋棄神話觀與超自然的原因)。從此，開啟了西方理性文明的發展，因而產生**數學**、**科學**、**哲學**與**民主**，幫忙人類從農業時代走到工業時代，以至今日的電腦資訊文明。這是人類從野蠻蒙昧走向文明開化的歷史。

古希臘的數學結晶於歐幾里德 13 冊的《原本》(The Elements)，包括平面幾何、數論與立體幾何，加上阿波羅紐斯 (Apollonius) 8 冊的《圓錐曲線論》，再加上阿基米德求面積、體積的偉大想法與巧妙計算，使得它幾乎悄悄地來到微積分的大門口。這些內容仍然是今日中學的數學題材。我們希望能夠學到大師的數學，也學到他們的高明觀點與思考方法。

目前中學的數學內容，除了上述題材之外，還有代數、解析幾何、向量幾何、排列與組合、最初步的機率與統計。對於這些題材，我們希望在本叢書都會有人寫專書來論述。

II 讀者對象

本叢書要提供豐富的、有趣的且有見解的數學好書，給小學生、中學生到大學生以及中學數學教師研讀。我們會把每一本書適用的讀者群，定位清楚。一般社會大眾也可以衡量自己的程度，選擇合適的書來閱讀。我們深信，**閱讀好書是提升與改變自己的絕佳方法**。

教科書有其客觀條件的侷限，不易寫得好，所以要有其他的數學讀物來補足。本叢書希望在寫作的自由度幾乎沒有限制之下，寫出各種層次的好書，讓想要進入數學的學子有好的道路可走。看看歐美日各國，無不有豐富的普通數學讀物可供選擇。這也是本叢書構想的發端之一。

學習的精華要義就是，**儘早學會自己獨立學習與思考的能力**。當這個能力建立後，學習才算是上軌道，步入坦途。可以隨時學習、終身學習，達到「真積力久則入」的境界。

我們要指出：學習數學沒有捷徑，必須要花時間與精力，用大腦思考才會有所斬獲。不勞而獲的事情，在數學中不曾發生。找一本好書，靜下心來研讀與思考，才是學習數學最平實的方法。

III 鸚鵡螺的意象

本叢書採用鸚鵡螺 (Nautilus) 貝殼的剖面所呈現出來的奇妙**螺線** (spiral) 為標誌 (logo)，這是基於數學史上我喜愛的一個數學典故，也是我對本叢書的期許。

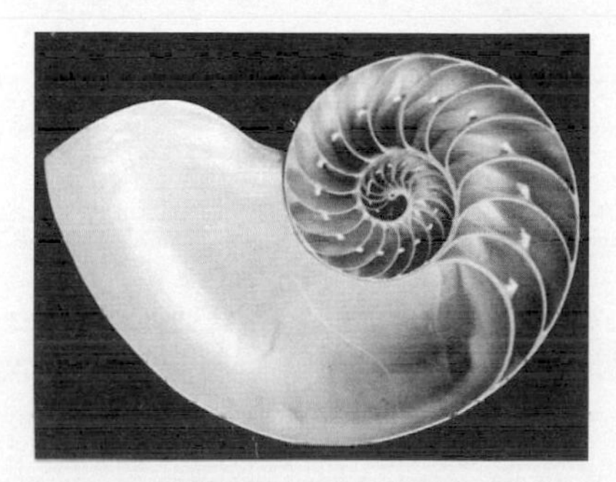
鸚鵡螺貝殼的剖面

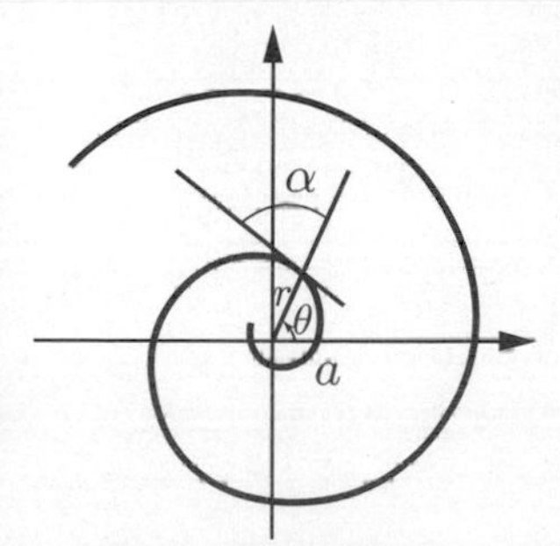

等角螺線

鸚鵡螺貝殼的螺線相當迷人，它是等角的，即向徑與螺線的交角 α 恆為不變的常數 ($\alpha \neq 0°, 90°$)，從而可以求出它的極坐標方程式為 $r = ae^{\theta\cot\alpha}$，所以它叫做**指數螺線**或**等角螺線**，也叫做**對數螺線**，因為取對數之後就變成阿基米德螺線。這條曲線具有許多美妙的數學性質，例如自我形似 (self-similar)、生物成長的模式、飛蛾撲火的路徑、黃金分割以及費氏數列 (Fibonacci sequence) 等等都具有密切的關係，結合著數與形、代數與幾何、藝術與美學、建築與音樂，讓瑞士數學家白努利 (Bernoulli) 著迷，要求把它刻在他的墓碑上，並且刻上一句拉丁文：

Eadem Mutata Resurgo

此句的英譯為：

Though changed, I arise again the same.

意指「**雖然變化多端，但是我仍舊照樣升起**」。這蘊含有「**變化中的不**

變」之意，象徵規律、真與美。

鸚鵡螺來自海洋，海浪永不止息地拍打著海岸，啟示著恆心與毅力之重要。最後，期盼本叢書如鸚鵡螺之「**歷劫不變**」，在變化中照樣升起，帶給你啟發的時光。

眼閉
從一顆鸚鵡螺
傾聽真理大海的吟唱

靈開
從每一個瞬間
窺見當下無窮的奧妙

了悟
從好書求理解
打開眼界且點燃思想

蔡聰明

2012 歲末

作者序

當我第一次向普林斯頓大學出版部 (Princeton University Press, PUP) 提出要寫這本書的構想時，我的心目中有著一個完全不同的計劃。本來是要反省現代科技與資訊社會中，「數」帶給人類的勝利及橫暴；最後反而寫成了這本**數學小說**。之所以會有這樣的轉變，是受到了普林斯頓大學出版部的編輯薇琪・琪恩熱情的邀約與全力的支持。

我相信透過小說的呈現，可以更有效地實現我的目標，**對廣大的讀者以娛樂的方式引進數學概念和結果，其中有些相當具有挑戰性和哲學意味**。

當我開始寫這本書時，我滿腦子都在想故事該如何環繞在**畢達哥拉斯**（Pythagoras，簡稱「畢氏」，約 570–495 B.C.）這個人和他的思想學說上。畢氏有許多相當有趣的頭銜，他是哲學家和數學家，也是宗教領袖、政治和音樂理論家、半神半人和奇蹟的創造者。對我來說，他是故事中的靈魂人物，要寫關於他的小說必然要包括部分的事實和部分的虛構，結合過去與現在、古老信仰與現代科學，還有 2500 年前的古老數學，以及在該領域最新的研究進展。

《畢達哥拉斯的復仇——數學的神奇奧祕》(*Pythagoras' Revenge : A Mathematical Mystery*) 應該會吸引所有喜愛閱讀「數學與數學家」的讀者，包括從高中生到擁有博士學位的人。此外，我也希望透過編織出懸疑緊湊的故事情節來展現數學概念能夠觸及那些通常會避開（或不喜歡）數學的人，並且激發他們去體驗數學史家貝爾 (Eric Temple Bell) 所說的「**數學是科學的女王與僕人**」，美麗又具有威信。

致謝辭

在本書的寫作過程中，因受惠於各領域專家的意見，我要向他們表達我的謝意。Justin Croft 在英國的 Faversham 經營一間同名的古籍書店，專做手稿與稀有圖書貿易，是非常具有價值的信息來源。Ted Stanley 是普林斯頓大學圖書館稀有論文的管理員，專精於保護稀有的紙類品，他啟發我開始研究莎草紙的特性，並且提供了古老紙草卷軸書的貯藏與保存技術。Jerôme Morissette 是魁北克典藏中心 (Centre de Conservation du Québec) 藝術品的蒐藏家，他慷慨地跟我分享他的專業知識，特別是時間因素和周圍的環境對各種金屬物品結構的影響。Robert Partridge 是加拿大典藏研究所 (Canadian Conservation Institute) 書籍部門的管理員，他介紹了一些有用的文章給我，並討論書籍與紙草書的保存技術。

我要感謝許多同事、朋友及家人，他們幫忙閱讀本書早期版本的手稿，慷慨提出意見、委婉的批評和寶貴的建議讓我受惠良多。在沒有優先順序之下，我要感謝 Andrew Watson, Aubert Daigneault, Roland Omnès, Frank O'Shea, Denys Cloutier, Gilles Plante，和匿名（對我來說）的 PUP 評論者；還有我的寶貝女兒 Natacha Sangalli，她繪製了本書的插圖。

我還要給我的妻子 Francine Godbout 一個特別的 merci（感謝），她幫我找尋與研究背景資料，還有在故事情節的安排上提供一些建議。她支持我，鼓勵我，忍受我長年的寫書，直到本書完成。

我還要感謝普林斯頓大學出版部參與生產本書的所有人，最特別是本書的編輯 Vickie Kearn，他指引了本書的方向，並穩定的掌握著船舵，直到成功地航抵目標。

譯者導讀

——軸心時代的希臘奇蹟——

這是一本談論畢達哥拉斯的偵探小說，用故事交代這位傳奇性偉大人物的事蹟與思想。畢氏創立的畢氏學派 (Pythagorean School) 是古希臘理性文明的源頭，表現為四藝：算術（即數論）、音樂、幾何學與天文學。而古希臘理性文明又是西方理性文明的源頭，表現為哲學、數學、科學與民主。

畢氏學派的思想與數學是絕佳的啟蒙教材，但要如何介紹給年輕的世代呢？傳統的數學書都是直接呈現出抽象的數學，長久以來造成數學是冰冷無趣的刻板印象。為了扭轉這個現象，讓大眾親近數學，一些數普作家採用比較另類的方式，以小說的形式來呈現數學，使得數學中有故事，故事中有數學。

本書作者是一位數學家，他採用偵探小說的形式，把畢氏學派的思想，包括數學、哲學與音樂、生活觀與宇宙觀都融入書中。這是極佳的表現數學的方式。

1.軸心時代

我們先從歷史的縱深來觀察：德國哲學家卡爾・雅斯培 (Karl Jaspers, 1883–1969) 在 1949 年寫《歷史的起源與目標》(*The origin and goal of history*)，首次提出了「**軸心時代**」(Axial Age) 的論點，往後廣為學術界所接受並且作進一步的發揮：

在 800–200 B. C. 之間，人類精神生活初次覺醒—終極關懷的覺醒—以理性來面對世界並且以道德來關懷社會與人生，得到終極突破，從而產生了哲學與宗教。

這是從原始文明的崛起，向上提升所做出的超越與突破，有如「太陽升朝霞，芙蓉出淥波」。在地球的北緯 25～35 度之間，由西向東，在千山萬水的阻隔下，世界上不約而同地產生四個重大的文明，都出現了偉大的思想家與精神導師：

(1)古希臘的愛琴海文明；
(2)希伯來的宗教文明；
(3)印度的恆河與印度河文明；
(4)中國的黃河文明。

2.泰利斯：數學要有證明

本書所涉及的恰是古希臘愛琴海文明的升起。古希臘愛琴文明首先創立的是「愛好智慧」的哲學，其次費了約 300 年，將數學從「**直觀經驗式**」質變為「**邏輯演繹式**」，結晶於歐氏幾何學。這是一件石破天驚的大事，出現在西元前 6 世紀，首由泰利斯（Thales，約 624–546）發其端。接著是他的徒弟畢達哥拉斯（Pythagoras，約 580–496 B. C.）再加深與拓廣，形成了古希臘理性文明的發源地。

泰利斯是一位多才多藝的成功商人，古希臘七賢之首，又愛好知識與智慧，曾到埃及與巴比倫遊學，把科學與數學引進希臘，成為一位偉大的哲學家、科學家與數學家。泰利斯有四件「**石破天驚**」的創舉：

(1)首倡數學要有證明，從此數學成為最真確的知識。
(2)主張要用自然的原因來解釋自然現象，拋棄神話與超自然原因。
(3)首創一元論，提出「萬有皆水」的物質觀點。
(4)開創西方批判的理性主義 (critical rationalism) 的哲學傳統。

對於第(1)點，泰利斯是首位嘗試把幾何知識做成邏輯證明系統的人。此後，數學界開始接受：數學命題要有「證明」才算完成，「證明」是數學真理最重要的判別準則，沒有證明就沒有數學。

3.畢達哥拉斯的思想

大約是中年的泰利斯遇到年輕的畢達哥拉斯，泰利斯除了傳授一切學問的祕因給畢氏之外，還建議他到埃及與巴比倫遊學。畢氏都照著實行了，並且青出於藍。

我們簡要綜述畢氏的思想於下：

甲、宇宙論

畢氏相信宇宙 (Cosmos) 是有秩序的，按一定規律在運行，並且星球運行時發出「星球的音樂」(the music of the spheres)。這些規律與音樂都可以並且必須用數學來表現，所以他說：**萬有皆數與調和的音樂**。畢氏的這些思想代代都可以聽到回應的聲音。

乙、哲學

畢氏認為哲學是愛好智慧之學 (love of wisdom)，是驚奇的藝術 (the art of wondering)，是最上乘的音樂——思想的音樂。數學是經過探索所得到的有證明的知識 (that which is learned)，是最真確的知識。

畢氏主張靈魂不朽，靈魂不斷地轉世。靈魂本是全能全知，但落到肉體之中，受到肉體的矇蔽，就失去全能全知，甚至變成無知。要去除無知、淨化心靈，研究哲學與數學是最佳的靈修之路。

丙、數學

算術與幾何分別研究數與形，並且數中有形，形中有數，數與形合一。萬有由單子 (monad) 組成，算術的單子是 1，由 1 出發，不斷地加 1，就產生所有的正整數，萬有只需用正整數或兩正整數的比值就可以表達。

幾何的單子是「點」，由點出發，動點成線，動線成面，動面成體。點、線、面、體是幾何學的四大要件。為了呼應算術，畢氏大膽假設：點雖然很小，但有一定的長度。線段是由點組成的，把點想成一顆小珍珠，那麼線段就如一串珍珠項鍊。因此，任何兩線段都是可共度的 (commensurable)，它們的比值皆為正的有理數。

算術的“1”與幾何的「點」是平行類推。畢氏以此來建立他的畢氏幾何學，且相當成功，而畢氏也被尊為「數學教的教主」。

後來，畢氏的門徒 Hippasus 發現了**正方形的對角線與一邊不可共度**，這震垮了畢氏幾何學。希臘文明奮鬥了約三百年，才由歐幾里德創立歐氏幾何學。

4. 希臘奇蹟

這些事件代表著希臘人的自覺與理性的覺醒，在思想創造上，堪稱為一個量子跳躍 (quantum jump) 的偉大時刻，產生一個嶄新的時代，新思想波濤洶湧，被後人稱譽為「**希臘奇蹟**」(the Greek miracle)。

要言之，希臘奇蹟就是終極關懷 (ultimate concern) 的追根究柢精神，為追求真理而真理，為追求美而美。希臘先哲們不把功利與實利當作追求目標，因為他們深知「**唯用是尚，則難見精深，所及不遠**」。

希臘奇蹟最重要的成果是，從神話走到理性 (from myth to reason)。首度創立了城邦的自由民主的政治制度，建構一個說理論證、公平正義的社會。從而產生文學、藝術、哲學、科學與數學，流傳千古，成為西方文明的源頭，擴及全世界，影響人類社會深遠，波瀾壯闊，至今未曾停歇。

愛因斯坦說，西方文明對人類的兩大貢獻是：

(1) **古希臘哲學家所發展出來的邏輯演繹系統，使得探索知識可以講究證明。**

(2) **文藝復興之後產生的科學實證精神，即透過有系統與有目標的實驗以找尋真理與檢驗真理的態度。**

前者所指的恰好是希臘奇蹟中的偉大數學成就。歐氏展現了透過純粹思想就可以掌握知識的範例，而公理演繹系統也是往後數學與科學理論模仿的典範。

5.對於數普書的觀察

目前在台灣市面上流通兩本數學小說，也採用小說的形式來呈現數學，適合小學生到中學生的研讀。

(1)《博士熱愛的算式》(算式是指歐拉公式 $e^{\pi i}+1=0$)：作者小川洋子是文學作家。這本書還拍成電影，相當成功，非常值得觀賞。

(2)《數學天方夜譚》作者是數學家 Malba Taham。把故事安置在阿拉伯的奇幻世界，引人入勝。

這兩本書都相當把數學的美味與妙趣表現出來了，可以說是成功的。然而，從重要性、專業與品質上來看，本書是第三本好的數學小說，勝過上述這兩本書。

畢達哥拉斯的復仇

Pythagoras Revenge

• CONTENTS •

第 *III* 篇　新畢達哥拉斯教派

第 *IV* 篇　畢達哥拉斯的使命

人物簡介

(後面括號中的數字為此人初次被引入的章數)

☆ 畢達哥拉斯（**Pythagoras**，簡稱畢氏）

「數學教」的教主 (The Master)，本書的靈魂人物。

☆ 朱爾・戴維森 **(Jule Davidson)**

數學家。(1)

☆ 喬漢娜・戴維森 **(Johanna Davidson)**

朱爾的雙胞胎妹妹，電腦安全顧問。(1)

☆ 瑞西特（**Leonard Richter**，別號史密斯先生）

文學批評家，以解各種數學謎題為興趣。(1)

☆ 艾瑪・高威 **(Elmer Galway)**

牛津大學歐瑞爾學院 (Oriel College) 的教授，專精於古代史。(2)

☆ 布萊德雷・瓊斯頓 **(Bradley Johnston)**

牛津大學歐瑞爾學院的哲學史教授，是高威以前的學生。(2)

☆ 伊蓮娜・孟特揚 **(Irena Montryan)**

任職於加拿大皇家安大略省科學博物館的館務員。(2)

☆ 約翰・高威 **(John Galway)**

艾瑪・高威的哥哥，成功的寶石經銷商。(4)

☆ 格林 (David Green)

英國倫敦稀有古書的經銷商。(4)

☆ 阿方索 (Alfonso Lopez de Burgos)

西班牙商人。(5)

☆ 李希斯 (Lysis of Tarentum)

畢達哥拉斯的一位門徒。(8)

☆ 諾頓 (Norton Thorp)

國際上著名的天才數學家，被認為是畢達哥拉斯的靈魂轉世者。(9)

☆ 德瑞莎 (Therese Thorp)

諾頓的姑姑和代理孕母。(9)

☆ 摩里斯 (Morris Pringley)

德瑞莎的親密律師朋友。(9)

☆ 史東（安迪）(Andrew (Andy) Stone）

電腦科學的退休教授。(10)

☆ 特蘭奇 (Gregory Trench)

醫生與燈塔的會員，也是一位密宗。(14)

☆ 洛磯 (Rocky)

前科罪犯 (ex-con)，跟特蘭奇熟識。(15)

☆ 胡迪尼 (Houdini)

電腦奇才，偶爾為特蘭奇工作。(15)

☆ 勞拉 (Laura Hirsch)

研究古典學的教授，正在寫一本有關於畢達哥拉斯的書。(16)

譯者提要

古希臘著名的數學家與哲學家畢達哥拉斯，他主張：萬有皆數與調和，宇宙是有秩序的，按一定的規律在運行。他宣稱靈魂不朽並且靈魂會在動物之間互相轉世 (transmigration)；哲學是愛智之學，是最上乘的音樂；數學是經過探索所得到的真知識 (that which is learned)。哲學與數學是最佳的靈修之路，可以淨化心靈，使其驅近於完美。畢氏在義大利南部希臘殖民地的克羅頓 (Croton) 創立一個學團，主要是講述哲學、數學與神祕宗教，也涉及政治。後人稱他們為畢氏學派，畢氏也被尊為「數學教」的「教主」(The Master)。他沒有留下著作，不過如果他有著作，但是遺失了呢？

本書作者 Arturo Sangalli 假設：畢氏在死前留有一份重要的手稿（祕傳著天啟），交代門徒代代傳遞下去，等待畢氏的靈魂轉世者出現，再交給他；作者由此展開他的寫作，全書的目標是要追尋畢氏的手稿。作者將事實、虛構傳聞、數學、電腦與古代歷史揉合起來，以偵探小說的形式寫成本書，充滿著驚奇、詭譎與震顫。為了追尋畢氏的手稿，兩隊人馬分成兩條路線來展開。

首先是，聯合國的教科文組織宣佈 2000 年為世界的數學年。加拿大的科學博物館要以古希臘的數學為主題來舉辦展覽會。如果能夠找到畢達哥拉斯的手稿來展出，那是最期盼的事情。為此，副館長伊蓮娜女士 (Irena) 特別飛到英國的牛津大學，請教古代史的權威教授高威博士 (Galway) 有關畢氏的資訊。大家共同對畢氏感到興趣，都想要追尋畢氏的手稿。

其次是，在美國有一個新畢達哥拉斯的神秘教派，相信畢氏的靈魂在 20 世紀會轉世。他們建立一個網站來召募人員，要組成一個團隊來尋找畢達哥拉斯的手稿以及他的靈魂在 20 世紀的轉世者。所以召募人員的測驗採用數學益智遊戲當考題，這是很自然的事。於是「15 的謎題」以及其它數學謎題就出現了。

兩路人馬展開追尋，互相遭遇與競爭……

序幕

畢達哥拉斯來自薩摩斯島 (Samos)，他是第一位自稱為哲學家的人。「哲學」這個字的本義是「愛智」(love of wisdom)，所以哲學是「愛智之學」，哲學家是「愛智者」。在古希臘歷史上，他是一位舉足輕重的人物，是才華橫溢的數學家和神祕的思想家，也是精神的導師、政治理論家，他體現了智性主義，這是後來普及各地的古典希臘思想。從哲學家亞里斯多德 (Aristotle) 到數學評論家普羅克洛斯 (Proclus) 的希臘最偉大的心靈都會同意，畢氏將數學提升成為一門科學（有系統的真實知識）的境界。

但他的性格也含有晦澀的一面，讓人懷疑這個人的真實性，例如他相信靈魂轉世 (transmigration of soul) 的觀念，亦即靈魂可以從人類轉世到動物或反過來。他宣稱具有如神般的能力，可以回憶起前世。

畢氏在西元前 570 年左右出生於愛琴海東邊的薩摩斯島（今日屬於土耳其）。他年輕時前往埃及，在那裡向阿蒙 (Ammon) 的祭司們討教，阿蒙是底比斯 (Thebes) 的人頭神，卡奈克 (Karnak) 神廟是祂的家。他到巴比倫去學習與教導天文學、數學和占星術。在這之前，據說他曾到過印度，遇見了裸著上身的哲學家（有人說是佛陀）。

大約 40 歲的時候，為了逃離暴君波利克拉特斯 (Polycrates) 的統治，他離開薩摩斯遷移到大希臘地區，這是指義大利南部沿著東邊海岸以希臘命名的城市。他選擇定居的城市是克羅頓 (Croton)，在這裡成立一個禁慾主義和祕密的教派。他們稱為兄弟會 (fraternity)，這是一個宗教社團，也是科學的學校，致力於探索數的奧祕，如他們所宣稱的「數是宇宙萬有的根源」。

對於畢氏學派來說，「數」是一種活生生的實有存在，其性質有待被發掘。他們所研究的數有四個分支（四藝）：**算術，研究數本身**（即數論)；**幾何學，研究空間中的數；音樂，研究時間中的數**（音樂是時間的藝術)；以及**天文學，研究空間與時間中的數**。他們認為，只有透過數，才可能達到理解，否則仍停留在無知的狀況；更進一步，不僅是在大自然的所有方面，並且在藝術與音樂的創作中，都可以看到數的形影。

在畢氏的學說中，音樂扮演著核心的角色。他發現和諧的聲音對應於弦長或頻率的簡單整數比，這導致他進而把它推廣與連結到廣大的宇宙秩序，並且說「**整個天空或可見的宇宙都是調和與數**」。他用七弦琴的音樂來撫慰或表現靈魂與身體的激情，他演奏他所創作的曲子，並且唱他所創作的歌曲。

畢氏教導靈魂的不朽，死後靈魂會轉世到其他有生命的身體。因此，所有的生命界應視為屬於同一個大家庭。他還告訴我們，經過某些特定的週期後，相同的事物會再次發生，因此世界上沒有什麼東西是全新的；而人體是「小宇宙」(microcosm)，反映了組成「大宇宙」的所有元素。他是第一個使用 kosmos（宇宙，Cosmos）的人（kosmos 照字面的意思是，有秩序的世界)。但 kosmos 也有「裝飾」的意味，所以根據畢氏的意思，宇宙就是裝飾著秩序的世界。

我們所知道的畢氏，多數是籠罩在神祕氛圍之中，主要都是根據數百年之後希臘史學家的著作傳遞給我們的，因為最早與最可靠的記載大部分已丟失，不免混雜著事實和傳說。這些不同來源的說法往往不同，有時甚至互相矛盾，例如有關他的死因，有人說他死在克羅頓的火災中；也有報告說，他在火災中倖存下來，並且逃到梅達龐通(Metapontum)，在那裡老死；又根據另一個版本說，他是被憤怒的暴民謀殺。然而，有一點大家都是一致的，即所有古代和現代的歷史學家都同意：畢氏並沒有留下任何著作。

但是，如果他有呢？如果他留下的手稿，隱藏得很好而從未被發現呢？接著有人就會提出一連串的問題：手稿的內容是什麼？他為什麼要寫它呢？他為什麼要採取種種不尋常的預防措施來保護它呢？

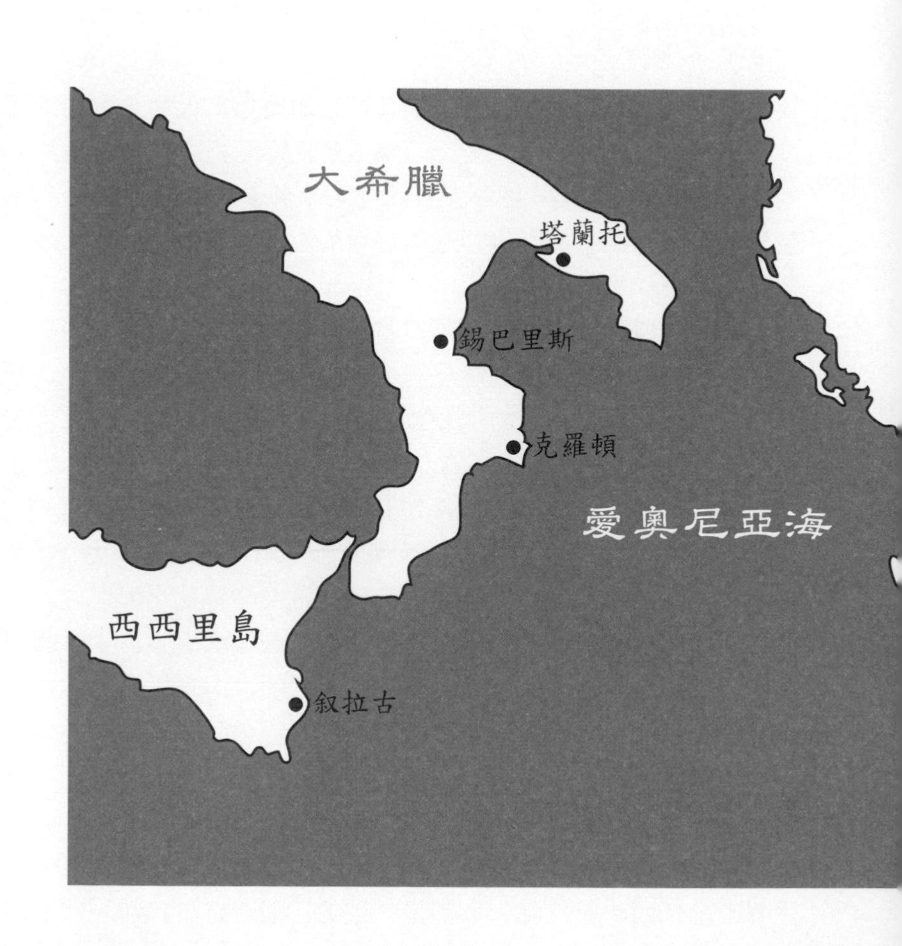
大希臘
塔蘭托
錫巴里斯
克羅頓
愛奧尼亞海
西西里島
叙拉古

色雷斯
馬其頓
弗里吉亞
特洛伊
奧林匹斯山
小亞細亞
愛琴海
希臘
利底亞
德爾菲
底比斯
愛奧尼亞
雅典
薩摩斯島
奧林匹亞
斯巴達

第 *1* 篇
時光膠囊

All is Number and Harmony.
Number rules the universe.
Number is the within of all things.
萬有皆數與調和。
數統治著宇宙。
數隱藏在所有事物之內。

－Pythagoras－

第 *01* 章
15 的益智謎題

Time is the soul of this world.

時間是世界的靈魂。

Man know thyself; then thou shalt know the Universe and God.

認識你自己；然後你才能認識宇宙與神。

—Pythagoras—

「你知道『15 的謎題』這個遊戲嗎?」一位自稱「史密斯先生」的人這樣問。朱爾回答說他不知道。史密斯先生接著說:

> 這個遊戲大約在 1870 年左右，由森姆・萊特 (Sam Loyd) 發明，他是美國最偉大的益智遊戲大師（設計與解決謎題)。在當時，這個遊戲非常風行，就像一個世紀之後的魔術方塊 (Rubik's cube)。

朱爾回想起他在十幾歲時迷戀魔術方塊（由 26 個小立方塊組成）的情景。他不停轉動 26 個顏色鮮豔的小立方塊，以找出難以捉摸的解答（使每一面都變成同一種顏色)，同時也想知道共有多少種不同的組合方法。他的雙胞胎妹妹喬漢娜認為這個組合方法的總數是無限的，並且一旦轉動魔術方塊，就不可能再回復到原位。他知道他妹妹的這兩個說法都是錯的，但當時卻無法證明。直到多年後，他對這個遊戲已漸漸淡忘，才偶然讀到十幾篇有關魔術方塊的數學文章得到答案。他曾得意地對喬漢娜說:

> 魔術方塊正好有 43,252,003,274,489,856,000 種不同的組合方法，而這是一個有限數。

但是她不肯認輸。經過短暫的思考，仍然死鴨子嘴硬地說:

> 不過，這麼大的數也應該算是無限大了。

史密斯把手伸進他的口袋裡，拿出一個木盒，裡面含有大小相同的 15 個小木塊（以下簡稱為棋子)，上面寫著數字，編號從 1 到 15。朱爾隱約熟悉這些東西，但他並不十分確定那是什麼。在木盒裡，從左上角開始，由左至右按大小順序放置棋子。只有最下方的第 4 列有一個地方不太一樣，最後兩塊的順序顛倒了，先放 15，然後放 14，並且在右下角留著一個空格，作為移動棋子的緩衝空間（參見下頁的左圖)。

【問題 1】史密斯解釋說:「這個遊戲的目的,是透過棋子作上、下、左、右的移動,使其達成按順序的配置(如右圖)。請讀者先試著玩這個遊戲,看看能否破解?若猜測它無解,也要提出論述證明。在本書第 3 章中,會有詳細的解說。」

Loyd「15 的謎題」之初始位置

欲達成的目標

朱爾以為他知道接下來要發生的事情,但是史密斯卻把謎題放回口袋裡。如果他打算用它來挑戰朱爾,他就不會這麼做,顯然他似乎還另有打算。無論是哪一種情況,朱爾可以肯定的是,自己遲早要接受史密斯先生的測驗。史密斯先生的家位在芝加哥高地公園 (Highland Park) 旁的富裕郊區,是一棟兩層樓高的大房子,有綠樹成蔭的彎曲街道,距離市中心約 20 公里。

在 34 歲時,朱爾已經幾乎放棄成為著名數學家的夢想。他是一個相當矮小的男人,但是身體強健且個性平易近人。儘管他的額頭偏高,淡栗色的頭髮日漸稀疏,他仍然認為自己的外表不錯,但你可能會同意這點,因為他同時也有翡翠般的大眼睛和勻稱的鼻子。從表面上看來,他很享受自己的教學工作,他任教於美國印第安納州立大學的數學系。但他曾對最親密的朋友透露出日益增長的不滿情緒,抱怨他的生活已變得太過舒服,變成一種預期中的習慣,例如每年週期式的例行教學、參加會議、給學生考試，以及參加畢業典禮的儀式。

朱爾暗中羨慕他的雙胞胎妹妹喬漢娜。她是一個自由工作者，也是電腦安全顧問，經常到倫敦、雅典和曼谷旅行，協助一些公司保持電腦技術領先於駭客。當駭客要獲取敏感資料，或以最新的電腦病毒來癱瘓她客戶的系統時，這就是喬漢娜要解決的問題。這完全不同於朱爾的那種群論或非歐幾何學的純數學課程。朱爾也希望可以把他的數學天賦和邏輯心靈，應用在一些具有挑戰性的問題上面。他在青少年時做過白日夢，經常描繪自己是法國知名作家儒勒・凡爾納 (Jules Verne) 小說裡，那些奇幻旅程或探險的英雄，故事中生動描述的冒險場景，預言了許多 20 世紀的科技奇蹟，從潛水艇到太空船都在故事裡出現過。

事實上，"Jule" 最初的拼字是 "Jules"。按照他母親的意思，根據著名作家來命名，是期望他有「文學天才和科學願景」。但他後來捨棄了 "s"，因為就算在法文裡 "s" 不發音，大多數人還是會念出來，於是他乾脆改掉自己的名字。

有一天晚上，他上了 canyousolveit.com 的網站，上面貼著一些數學謎題，其中有一個機率問題引起了他的注意，這是由兩部分組成的。也許是讓他回想起他的學生時代，在新罕布夏大學所遇到的類似問題：

【問題 2】有 12 個棒球選手，把他們的帽子丟入一個袋子裡，均勻弄亂後，每個人再從中隨機抽取一頂。

(i) 請你計算所有的人都沒有拿到自己帽子的機率；

(ii) 如果有無窮多個球員，那麼這個機率又是多少？

經過一番的努力，朱爾發現了他認為正確的答案。對於第一小題，他的答案是 0.3679 或 36.79%，這是 12 名選手都沒有抽中自己帽子的機率。為了回答第 2 小題，他必須考慮選手的人數遞增到無窮大時，其機率的極限值。結果這個機率看起來有點奇怪，因為在人數變動之下，它基本上是保持不變的。(但是對於人數很少的情況，就不成立了，例如，只有兩個或三個球員的情形，機率分別為 1/2 和 1/3，這只需經過簡單的計算就可以看得出來。) 當球員人數無限多時，朱爾計算出沒有人抽中自己帽子的機率正好是 $1/e$ 或 0.367879441 ⋯ (參見附錄 I)。

答案中出現的數 e 在數學中扮演著關鍵性的角色，它是一個涉及宇宙奧祕的普遍常數，其正式定義是下面的極限式或無窮級數：

$$e=\lim_{n\to\infty}(1+\frac{1}{n})^n=1+1+\frac{1}{2!}+\frac{1}{3!}+\frac{1}{4!}+\cdots+\frac{1}{n!}+\cdots$$

但最好是把它看作自然對數的底數。它的值是 2.71828 ⋯ (一串無限且不循環的小數)。它出現在純數學及其應用到現實生活中的各種情境，從複數與微分方程到人口增長的模型，向日葵種子的排列方式，以及棒球選手完全沒有取到自己帽子的機率，等等。下面是出現 e 的另一個例子：

【例題】如果投資 1 美元，年利率是 100%，每隔一小時複利一次，那麼一年末的本利和會非常接近於 e，四捨五入到分的幣值單位就得到 \$2.72 美元。如果採用「連續複利」(即無時無刻不複利)，那麼它恰好就是 e。

朱爾在電腦上點了一下「答案」的按鈕，核對他的解答，以回應貼出問題的人，接著出現了一個指令，促使他進入他們的一個盒子裡。他按照了指示之後，螢幕上接著出現了一則訊息：

現在，你已經通過初試，你要繼續嗎？
獎品是有機會解決一個 2500 年的謎題。

朱爾花費了 3 天的時間，解決其他四個問題，並且回答了一些非數學的問題，例如：「生活」、「記錄」與「鉛」有什麼共通性？假定一位美國男性活到 78 歲，那麼在他的一生中（平均）說出多少個字？當他進入最後的挑戰階段，遇到一個如魔王般的數學難題，此時螢幕上爆發出煙火，並且出現了一則訊息：

恭喜！你可能就是我們所要尋找的人。
如果你有興趣，請傳送個人簡歷至….

第二天朱爾透過電子郵件傳送出他的簡歷。即使他擔心這樣做可能會使他的信箱湧入大量垃圾郵件，但是也可能因此改變他的生活，所以還是值得冒這個風險。

經過一個星期後，他接到從高地公園寄來的回信，邀請他面試。於是在 1998 年的 1 月初，他從印第安納州的特雷霍特開車到密西根湖畔，經過 6 個小時單調的旅程，在下午 2 點抵達面試地點。一位身材修長，約 50 多歲，有著犀利的棕色眼睛和銀白色頭髮的男子打開門，面帶微笑並向朱爾打招呼：「戴維森先生嗎？請進來！」這個人身穿典型的藍色夾克，白色襯衫和深灰色的長褲，打著一條有點不協調的領結。

在接下來約一個小時，朱爾被頻繁地詢問了有關他的背景、事業、交友和嗜好，尤其是他回答網路上謎題的動機。然後，面試進入了一個新的階段，這個男子提到「15 的謎題」，並且出示這個遊戲的小正方形木盤。

那人說：「這個謎題有一個有趣的故事，」伸手從一矮桌面上拿了一本包著破舊外皮的書。朱爾觀察這個男子精心修剪的手指，並且注意到他左手的中指上戴著一枚銀戒指，上面鑲著切割過的白色石頭。僅僅經過幾週後朱爾就發現了那個戒指象徵的意義。

「你想要聽個故事嗎？」那人問道。不等回答，那人就開始以戲劇性的語氣大聲地朗讀一本書：

在 1870 年代後期，「15 的謎題」突然出現在美國，迅速地蔓延各地，征服了不計其數的愛好玩家，好像變成了瘟疫。同樣地，在海洋另一邊的歐洲，你甚至可以看到馬車上的乘客手中玩著這個遊戲；辦公室和商店的老闆嚇壞了，因為他們的員工在辦公室完全被遊戲所迷住。謎題在巴黎蓬勃發展，瀰漫於空氣中，在林蔭大道上，遍布全國。一位法國作家寫道：「幾乎沒有一個鄉間小屋沒有這種蜘蛛在裡面築網，然後等待獵物陷入網裡。」

經過短暫的停頓，這名男子掃視了朱爾一眼，好像要確認這個故事有他預期的效果。他繼續說：

在 1880 年代，人們對這個謎題的狂熱似乎已經達到了最高潮。遊戲的發明者建議紐約報紙的編輯提供一千美元的獎金（在當時這是一筆很大的錢）給第一位解出者當獎金。編輯有點不情願，於是發明者自願提供金錢支付獎金。發明者是森姆・洛依德 (Sam Loyd)。他被大家公認為眾多趣味謎題的著名作者。雖然每個人都想要解決它，但是一千美元的獎金依然無人領取。有許多有趣的故事流傳著，例如店老闆因為玩謎題而忘記開店，公務員整個晚上站在街燈下尋找解決謎題的方法。沒有人願意放棄，因為每個人都對於迫在眉睫的成功充滿著信心。甚至有人說，航海家的船擱淺了，司機把列車開過站了，還有農民忽略了他們的耕作。

在這個時刻，男子停止閱讀把書闔起來。「你知道這個故事的結局嗎？」他問道，把視線停留在朱爾的身上。朱爾毫不猶豫地回答：「不知道。」那個男子就以輕鬆的口氣說：「好，那我們就來進行這個遊戲。請跟我來。」

他們走進一個大房間裡，裡面幾乎全是書。大多數的書填滿了三面牆的書架上，其他的佔據了一張大桌子或直接就堆在地板上。那個男子領著朱爾到左邊一臺電腦前面，示意他坐下，然後問道：「來玩『15 的謎題』這個小遊戲怎麼樣，戴維森先生?」在朱爾的同意下，那男子開始解釋遊戲規則。「你可能已經猜到了，遊戲盤是虛擬的。」他按了某些鍵，謎題的初始配置就出現在螢幕上。「你可以上下左右移動游標，當然只能作被允許的移動。你恰好有 60 分鐘來解決這個謎題。不用多說，這場遊戲的結果將影響我聘用你的意願。」他期待朱爾會有所反應，但卻沒有。停頓片刻之後，他問：「你還有任何問題嗎?」

朱爾已經專注於眼前的任務，不禁想起他所做的一切努力，卻從來都沒有成功地解開魔術方塊。但那是他年少時期的事了，現在情況完全不同，是一個不同的遊戲。他把想法轉向魔術方塊的難題，他記得讀過記錄，解決加擾狀態下的魔術方塊，有個從越南來的人在不到 30 秒就締造了世界紀錄。但他不認為這是可能的。然而，同樣不可思議的還有所謂的計算神童 (calculating prodigies)，能夠在自己的頭腦裡幾乎瞬間地執行複雜的運算，但是他只有普通的智力。例如在 1867 年出生於義大利的雅克・茵納蒂 (Jacques Inaudi)，在 25 歲時被數學家加斯東・達布 (Gaston Darboux) 帶到法國科學院。他們問他這樣的問題：

(i) 1822 年 3 月 4 日是星期幾?
(ii) 如果一個數的立方加上它的平方等於 3600，問此數是多少?
(iii) 4,123,547,238,445,523,831 減去 1,248,126,138,234,128,010 剩下多少?

對於這些類似的問題，他在不到 35 秒之內就得到正確的答案。

朱爾不知道茵納蒂解決「15 的謎題」需要多久。當他想詢問「世界上解出此謎題最短的時間是多久?」時，那名男子已經消失了，螢幕提醒朱爾，遊戲將在 25 秒後重新啟動，⋯24，⋯23，⋯。

第 *02* 章
踏破鐵鞋無覓處

Write in the sand the flaws of your friend.

把朋友的缺失寫在沙上。

—Pythagoras—

God gave us the darkness so we could see the stars.

上帝給我們黑暗以便我們可以看見星星

—Johnny Cash—

布萊德雷・瓊斯頓 (Bradley Johnston) 以冰冷的聲音回答說:「這恐怕是不可能的吧。」這句話並不是伊蓮娜想要聽到的答案。她從加拿大大老遠跑來牛津大學，為的是想要會見艾瑪・高威博士，這位任教於牛津大學歐瑞爾學院 (Oriel College) 的古代史教授，專精於古希臘時代蘇格拉底之前的哲學 (pre-Socrates philosophy)，但是伊蓮娜並沒有見到這位著名的學者,反倒是跟學院中一位年輕的研究員瓊斯頓見了面，他想要盡力幫助她得到她預期的答案，但是成效不佳。

歐瑞爾學院 (Oriel College)

高威教授在最後一刻取消了這次的會面，並且請他的同事兼先前的學生瓊斯頓代為招呼從海外來的訪客。他在電話中告訴瓊斯頓說:「有一位好像叫 Monyan 或 Marian（瑪麗安）的小姐要來」，再補上說:「她在北美的一間博物館工作」，就不再進一步作解釋了。這是 1997 年 11 月一個星期四的早晨，瓊斯頓接到電話時，會面就在當天下午兩點，已經迫在眉睫。即使他下午要打板球 (cricket)，也無法拒絕艾瑪的委託。
他介紹自己說:

我是布萊德雷・瓊斯頓。妳一定是瑪麗安小姐。

她馬上糾正他說：

孟特揚 (Montryan) 才對，我是伊蓮娜，很高興見到你。我和高威教授事先有約了。

瓊斯頓代替艾瑪致歉說，高威教授臨時有要事取消了會面，由他代理。於是瓊斯頓帶領著伊蓮娜到樓上的辦公室。他沒有預料會見到一位年輕的女子，也許在下意識裡，他將「博物館」與「老」聯想在一起。而他只知道她說話的語氣絕不像是英國腔。在電梯中他問：

妳是美國人嗎？

她第二次糾正他說：

我是加拿大人。

她又補充說：

但是我父親是在明尼蘇達出身的美國人，他在戰爭結束後移居加拿大。

瓊斯頓以猜測的笑容說：

我猜是第二次世界大戰。

她大聲地說：「那當然！」然後又回他一個笑容。「你覺得我的年齡有多大?」當電梯門在四樓打開時，他們都笑了。

他們進入瓊斯頓的辦公室，這個房間有一扇高大的窗戶，窗口可以俯瞰中央的四方形草皮庭院。歐瑞爾學院成立於 1326 年，是牛津大學最古老的學院之一。當初的建築已經不見了，原始的建築 (La Oriole) 並沒有保留下來。因為 17 世紀建造四合院時，這間高大的建築就被拆毀了。為了大學部的住宿需求，一個世紀之後又增建了兩棟房子。隨著時間的流逝，對其莊嚴的外部影響不大，但是內部卻多了大量的裝修，以提高辦公室和教室的空間，並且容納一些現代設施。在 20 世紀 80 年代，西翼增加了第四層樓與電梯，而其中一間正是瓊斯頓的辦公室所在。

他本來要給她倒一杯茶，但因為她不喝，所以他決定只為自己倒一杯。現在要開始談論正事了。瓊斯頓問：

孟特揚小姐，您此次前來見高威教授的目的是什麼呢？

她開始說：

我的工作是多倫多皇家安大略博物館科學部門的館務員。你大概知道，聯合國的教科文組織 (UNESCO) 宣布 2000 年為世界的數學年。

其實他並不知道這些，所以保持沉默。她繼續說：

皇家安大略博物館正準備推出數學史的展覽，其中一個主要的議題就是古希臘數學，特別是畢達哥拉斯學派，他們促使數學變成一門科學 (即有系統的真實知識)。事實上，我們規劃的活動將圍繞著畢達哥拉斯這個人物作為指標，他是古代哲學家與數學家的典範。

瓊斯頓說：

我知道了，畢達哥拉斯是能吸引群眾的「超級巨星」。

伊蓮娜說：

正好就是這個想法。我們要將畢達哥拉斯展示給所有群眾。畢竟，哪一個人沒有聽說過畢氏定理呢？

瓊斯頓接著說:

> 確實如此。艾瑪，我是指高威教授，他在古希臘前期的研究領域是最具權威的…

她順著他的話說:

> 你說的沒錯，瓊斯頓博士。我來找他就是要尋求一些資訊。

他說:

> 請妳稱呼我為布萊德就好。事實上，伊蓮娜……我可以稱呼妳為伊蓮娜嗎?

她點點頭。他繼續說:

> 事實上，也許我能幫得上忙，我的博士論文做的是亞里斯多德，他的著作被公認為是與畢達哥拉斯主義最有關聯的可靠來源，特別是他的《形上學》和專著《論畢達哥拉斯學派》的部分;不過遺憾的是，只有一些片段保存下來。

他開始變得更加活躍。對著一位正在傾聽他說話且迷人的年輕女性談論自己的工作，相當有激勵的作用，他不再後悔沒能去打板球。但是，他的興奮只是暫時的。

伊蓮娜說:

> 其實，布萊德，我來見高威教授不是要聽他講畢氏學派或他們的數學理論，這些在博物館都有專門的顧問可以問。我希望他能幫助我找到一些文物和手稿，其歷史可以追溯到畢達哥拉斯的時代。我們的展覽主要是展示這些文物。若能夠展出一份原始古希臘的數學手稿，也許出自畢達哥拉斯之手，我想這是很棒的事情，那將會是我們展覽的最大焦點。

瓊斯頓冷冷地回答:

這恐怕是不可能的吧。

她注意到他情緒的轉變，於是她第一次提高音量問道:

為什麼呢?

瓊斯頓以平緩的聲音開始解釋:

首先，因為書面記錄被嚴格禁止。畢達哥拉斯學派是一種兄弟會的教派，專門研究數，他們認為數是揭開宇宙奧祕的鑰匙。他們的發現被認為是神聖的，成員之間只能透過口頭傳遞訊息，並且要宣誓對外保密。根據某些資料來源，在西元前 450 年左右，畢氏學派被驅逐出義大利南部，只有少數倖存的成員保留一些書面知識。畢達哥拉斯本人並沒有留下任何著作，而研究這個領域的所有專家都同意這一點。

隨後，他又發表了一些看法，打擊了她最後一絲的希望:

即使專家們也可能出錯，畢達哥拉斯若真的有將他的教義寫下來，最有可能採用的應該是莎草紙，這種文件要保存 2500 年，機率幾乎是零。

她不放棄地追問:

那麼在 1947 年發現的死海古卷又怎麼說呢?

他想了一會兒才回答:

它們是西元前 2 世紀的手稿，因此幾乎是 2200 年前的東西。

他又補充說:

那些手稿確切的年代仍有爭議，事實上，利用放射性碳 14 來測定古物的年代，得知它們起源於西元 68 年，這意味著它們不超過 2000 歲。此外，這些手稿保護得相當好，用布緊包著，放在陶罐中保存。再蓋上蓋子緊緊封住。

他開始享受被問題挑戰。最後說:

我們現在所說的是在猶甸沙漠 (Judeandesert) 中的一個地點，氣候非常的炎熱且乾燥，在這樣理想的條件下，非常適合保存東西。

他怎麼知道畢達哥拉斯學派沒有用「特殊的保護措施」來保存他們的著作呢? 她在心裡這樣想著，但與其直接說出來，她寧可試著換個方法問。
伊蓮娜說:

你說這些非常古老的手稿幾乎沒有任何機會倖存下來。然而，你是在哪學到所有你知道的亞里斯多德和他的哲學呢?

這是一個簡單的問題，但他似乎有點不安。

我在哪裡學到的? ……當然學自書籍、文章、講座、學術報告、博士論文，跟其他專家討論，等等。妳知道的，這門古典領域的知識既迷人又令人印象深刻。

她說:

我明白了。

但說服力不夠強。她繼續問道:

這些文章和書籍的作者又是從哪獲得他們的知識呢？從其它書籍嗎？

他知道她在主導討論了。他說：

妳真正想要知道的是，這一切是從何開始的，不是嗎？如果沒有原始的資料，那麼什麼才是根源呢？

她微笑著說並且開始欣賞他的辯護：

正確。

他說：

亞里斯多德的原稿並沒有倖存下來，這是一個事實。但是有抄本，或者有抄本的抄本。例如，他的《物理學》。

他站起來，走到一個書架前拿起這本書，又回到座位上。一隻手拿著書，他說：

這本書是由一位德高望重的語言學家英譯亞里斯多德在《物理學》中的前兩卷，但它絕非譯自亞里斯多德的原典，也不是亞氏口述由另一位抄寫員記錄下來的。在譯者開始翻譯之前，他必須先確立一個文本，根據亞里斯多德現存的手稿作品，他可以判斷文本盡可能地接近原典。而最古老的文本是在 9 世紀出現，時間已是亞里斯多德之後 1200 年了。這些「根源」都相異，跟原典更是不同。它們都是從各種「範本」中複製出來的，而這些「範本」都消失了。抄寫員犯的錯誤，有時是無意的，有時是為了訂正範本中假定的錯誤而故意的。所以它先是確立了「文本」，再由一位語言學家以「抄本的抄本」翻出譯本。

他停頓了一下，然後才說：

　　這樣妳有概念了嗎？

她點點頭，並回答說：

　　是的，我明白你的意思。

他繼續說：

　　因此，古典的知識都是建立在抄本之上。現存最古老的文本是用莎草紙寫成的書卷，多半是片段的，少數因受到埃及乾燥的土壤保護，才保有完整的書卷。

他再次強調：

　　在托勒密王朝時，馬其頓裔的國王統治了埃及近三百年，直到西元前 30 年被羅馬帝國消滅，他們習慣用亞麻布與書寫文字的紙草卷，將屍體層層包裹成木乃伊，外層則塗以灰泥，覆以石膏。當除去石膏層後，各層就可以分離開來，而這些資訊或多或少可以恢復到可判讀的情況。

他將椅子向後退，讓雙腿交叉，繼續說：

　　在 1899 年，有一個考古團隊在古埃及托勒密王朝的墓地，挖掘出亞里斯多德所著的憲法《雅典政制》。在這之前人們只知道少數的引文，所以這是挖掘史上的一個重大發現。它是 4 卷由莎草紙製成的重寫本，原來是西元 78、79 年的一本農場記錄書，被擦拭後才在上面寫上亞里斯多德的文本。但是亞里斯多德大部分的著作就沒有這麼幸運了，必須依靠近中世紀的抄本，其中可能包含了許多錯誤，可能是抄寫員的粗心造成，或是雇用了一群低薪且不熟練的抄寫員記錄口述。就像西塞羅 (Cicero) 說的「書中充滿了謊言」。

她又提問：

> 那些既然都是「抄本的抄本」，那麼最古老的版本，保存在什麼地方呢？

他繼續剖析說：

> 大部分已經販售或捐贈給博物館和大學了。在牛津大學這裡的博德利圖書館也有收藏一些，大英博物館則有亞里斯多德的《雅典憲法》。其餘的有些被私人收藏家所收藏，有些則流入稀有書與古書的經銷商手中，他們散布在倫敦、柏林、維也納和紐約。這是一個利潤豐厚的市場，但這些文本十之八九都是偽造的。

伊蓮娜擁有生物學的碩士學位，並研究污染物對鮭魚繁殖的影響，後來她參與「拯救地球」的運動，現在做的是博物館的工作。她開始體會到古代學與自然科學在研究方法上的不同。**科學家專注在事實上面，並且創造理論，再用實驗來證實或否定理論。**儘管這些古老的手稿具有感情或歷史價值，但是它們對科學家卻沒有什麼實際用途。另一方面，古代學者並不是從事實開始，而是從古老的語言切入。在許多情況下，他們對於寫在碎羊皮紙或莎草紙上的隻字片語，可能都一知半解。**從這些稀少、往往互相矛盾且不可靠的來源之中，他們必須把碎片拼湊起來，給出合理的解釋，並且提出暫時性的假說，但是他們的假說無法用實驗來檢驗。**

她保持沉默，先前的熱情已消失殆盡。她無精打采地說：

> 你是否要告訴我，我試圖尋找畢達哥拉斯原始的手稿來當作展覽，將會浪費時間，是嗎？

他覺得有點對不起她，希望能帶她回到一些樂觀的話題。於是他歉疚地說：

我無能為力⋯⋯，我的意思是，據我所知，是的，我不是該領域的專家。我希望高威教授能夠在這裡。只要他回來，我會盡快把情況告訴他，他肯定會跟妳聯繫。我可以取得妳的聯絡方式嗎？

她遞給他一張名片，放在雜亂的桌面上，然後站起來準備要離開。他由衷地問：

妳願意和我一起吃頓飯嗎？那是一間很棒的義大利餐廳，只需走路 5 分鐘；或者我們可以去一間酒吧，品嚐在地美食。

她回答說：

很對不起，我不能留下來。我必須馬上開車返回倫敦，我晚餐已經事先有約了。

他盡量不要顯得過於失望地說：

哦，我了解了。

他陪她走到她租來的車子旁，這是一部嶄新的紅色歐寶 (Opel)。當他們握手時，他笑著說：

祝妳旅途愉快，並且記得把車子開在道路左側。(英國的車子是靠左行駛。)

他幾乎又懷著歉意說：

我希望我能給妳更多的幫助。

她以愉快的聲音回答說：

誰知道呢？也許已經有神秘的收藏家收集了一些沒有人聽說過的珍貴手稿呢。

她也想表現出有積極的作為，於是說：

我會嘗試在網路上發布廣告，看看會發生什麼事情。

他說：

誰知道呢？

他的話聽起來不是十分令人鼓舞。他祝她好運，並且揮手目送她離開。傍晚的陽光在她的後車窗閃爍著。

瓊斯頓不得不承認，伊蓮娜來找艾瑪問古希臘手稿的事，她真是敲對門了。艾瑪是真正的領頭學者，他專精於西元前 8 至 6 世紀的古希臘文明，尤其對早期的畢達哥拉斯學派特別感到興趣。他也是一個成功的語言學家和文獻學家，精通古代語言，並翻譯了許多腓尼基和古希臘的文獻，這些都成了歷史學家引用的標準參考資料。更重要的是，艾瑪除了是這個領域的巨人，也是一位具有行動力的人物，他周遊世界，經常離開牛津大學。當他無法回應那些打電話來請教一些古物或手稿相關專業意見的人時，表示他正被邀請到一些國際會議上當嘉賓，或者是去參觀考古遺址。如果你需要追蹤古希臘的歷史文獻，那麼他正是你所要找的人。

艾瑪的父親歐內斯特 (Ernest) 爵士已經高齡 93 歲，但是還相當的健朗。他是一位著名的考古學家和探險家。當他 18 歲時，跟隨著名的探險家歐內斯特・沙克爾頓 (Ernest Shackleton) 爵士來到南極探險。這是沙克爾頓的最後一趟探險旅程，他在 1922 年 1 月，因心臟病發死在船上。年輕的歐內斯特在 1931 年娶了一位大律師的獨生女伊莉莎白・珍妮佛・威廉絲，為他生了兩個兒子，大兒子約翰・亞瑟在 1932 年出生；兩年後又生了艾瑪・詹姆士。但他熱衷於冒險，後來造成家庭巨大的耗損。

歐內斯特把大部分的時間都花在埃及、希臘或南美洲等偏遠地區的考古挖掘工作上，而珍妮佛則留在索爾茲伯里的家中照顧孩子。孩子們很少看到他們的父親，除非在旅程中有小空檔。在這段短暫的時間裡，歐內斯特會帶孩子到附近的巨石陣 (Stonehenge) 參觀，並且為孩子講解神祕遺跡可能的起源，或者帶全家人到伯恩茅斯 (Bournemouth) 的海邊共度一個難得的假期。

在戰爭結束後不久的 1949 年，歐內斯特和珍妮佛在沒有傷痛和預期之下離婚。孩子們都已經住在寄宿學校，所以就把索爾茲伯里的房子賣掉，包括具有百年歷史的大型家具，還有歐內斯特從世界各地收集或走私進來的雕塑、陶器、工具、武器、宗教圖案的花瓶、紙草卷軸、紀念幣、黃金、珠寶、甚至幾付石棺。當歐內斯特尋找新住處時，將一些東西放在臨時的貯藏所。但令艾瑪遺憾的是，他父親收藏的大部分珍品都捐贈、出借給博物館，或在拍賣會上賣掉了，但他後來贖回了幾件。不像他的哥哥，艾瑪對於這些古文物總是表現出濃厚的興趣，它們默默地見證早期人類所展開的傳奇篇章。

瓊斯頓曾被邀請到艾瑪位在 Blackhall 路上的住處好幾次，第一次是作為一位學生，後來是以同事的身分受邀。在某一天晚上吃過晚飯後，教授向他和其他客人展示自己收藏的硬幣，這些硬幣裝在天鵝絨內襯的托盤裡，存放在他的研究室一個角落的大廚櫃。艾瑪自豪地請大家注意看其中他最喜歡的一個硬幣，歷史可追溯至西元前 4 世紀左右，是一個一又四分之一吋的銀幣，有一面描繪著赤裸的希臘神祇或英雄，可能是大力士海克力斯 (Heracles)，他的左手持棍棒，右手持鐵鏈，並且坐在他剛剛征服的一頭獅子身上。用希臘文大寫的字母“ΚΡΟΤΩΝΙ ΑΤΑΝ”（克羅頓的硬幣）寫在硬幣的圓弧周邊。

有趣的是，他竟然這時候想起這件特別的事情。克羅頓是義大利南部的一個城市，畢達哥拉斯在此建立了他的兄弟會，而伊蓮娜來牛津大學就是要調查關於畢達哥拉斯的事情，她希望艾瑪能幫助她。瓊斯頓回憶起那天早上艾瑪打電話來的情景，教授似乎在趕時間，並隱約聽到說要「出差去」。一個星期之後，瓊斯頓才知道，高威此次的任務也跟畢達哥拉斯有關。

第03章
謎題解決

Reason is immortal, all else mortal.
理性永恆，其餘皆短暫。

The soul of man is divided into three parts, intelligence, reason, and passion. Intelligence and passion are possessed by other animals, but reason by man alone.
人的靈魂由三部分組成的：智性、理性與熱情。智性與熱情其它動物也有，但理性卻是人所獨有。

—Pythagoras—

「遊戲結束」電腦螢幕上閃爍著這幾個大字。這位自稱為史密斯先生的人，其真實姓名是李奧納多・瑞西特 (Leonard Richter)，他在自己的書房裡，遲遲無法破解這個遊戲。但這並不表示這個遊戲有什麼特別令人沉迷的地方。和其他不死心，非要破解的挑戰者不同的是，朱爾在玩了 15 分鐘之後便停下了動作。接下來的 45 分鐘，螢幕好似被凍結一般，絲毫沒有動靜。

起先瑞西特擔心朱爾的系統會出現故障，但在螢幕上的時鐘繼續正常運轉。如此現象的可能解釋是，他花些時間在**找出一些原則或策略，期望有系統地解決謎題**，而不只是透過偶然的嘗試改誤 (trial and error)，或碰運氣的組合而得到解答。如果是採用碰運氣的方法，那麼他顯然會用掉所有的時間。

當瑞西特進入大房間時，朱爾旋轉坐椅來面對他，並帶著微笑說：

恭喜你，史密斯先生 (瑞西特的別號)。我在想到底有多少人為了獎酬而掉進你得陷阱裡？

瑞西特也笑著說：

恭喜你，戴維森先生。

瑞西特所聽到的似乎讓他很高興，完全忽略了朱爾的嘲諷語氣。瑞西特又說：

你在什麼時候發現謎題無解？

朱爾：

不到五分鐘前。

瑞西特：

我可以請問你是怎麼做到的嗎？

朱爾：

這件事發生在當我採用數學語言來了解這個遊戲謎題時，我發現有些狀位 (configurations) 是達不到的。在這個關鍵點上，我終於理解，最終要讓所有數字按序排列的狀位是無法達成的。畢竟，在你述說的遊戲小故事中，你從未提過有誰真正解決了這個難題，即使在有獎金的誘因之下。

瑞西特：

所以你只是懷疑謎題無解，但是你無法確定，對不對呢？

瑞西特期待有個合理的解釋，而不只是一個巧智與幸運的猜測。

朱爾：

一點都不是如此。我明確知道它沒有解答，並且我可以用數學加以證明。

瑞西特：

我很高興能聽你的證明。

朱爾：

你是個數學家嗎？

瑞西特猶豫了一下才回答：

我有哲學和文學的學位，但是我一直著迷於數學或其它各種謎題，並且已經研究謎題許多年了。你在這裡看到的大多數的書都是各式各樣的謎題。對於這個特殊的謎題，我已經熟悉一個無解的數學證明，所以我敢肯定我可以了解你的證明，戴維森先生。

朱爾伸手拿到擺放在電腦顯示器旁邊的筆記本。他在上面塗鴉，作一些論述。時間急促的消逝，使得他並沒能檢查邏輯鏈條的每一個環節。

朱爾開始整理思路：

在這裡扮演關鍵角色的基本概念是置換 (permutation)。在盤面上的一種狀位是指將 1 到 16 等 16 個數字從左至右，且從上到下，作任意排列（空格視為數字「16」)。例如，初始狀位 1 2 3 4 5 6 7 8 9 10 11 12 13 15 14 16，是一種排列。所有的排列方法總數相當大，約有 21 兆的排法。

瑞西特打岔補充說：

這正好是 16 的階乘，也就是 16 乘以 15 乘以 14 乘以 13 等等，一路下降乘到 1。理由是第一個空位有 16 種選擇，第二個空位有 15 種選擇，故前兩個數字有 16×15 種選擇方式，前三個數字有 $16\times15\times14$ 種選擇方式，等等，直到第 16 個位置只能填充最後剩下的一個數。因此總數為 $16\times15\times14\times\cdots\times2\times1$，在數學術語上叫做 16 的階乘，記為 16!，這是 16 個數所有可能的排列方法數：

$$16! = 16\times15\times14\times13\times\cdots\times3\times2\times1.$$

朱爾加以證實：「這是正確的。」但是他懷疑，這位自稱史密斯先生的人，是否試圖在炫耀呢?

朱爾繼續分析說：

用最簡單的話來說，解決謎題在於從初始狀位，將棋子經過一連串的滑移（左，右，上，下）到相鄰的空格。初始和最後的狀位都是以「16」(即空格在右下角）作為結尾。現在，這裡是第一個重要的事實：要從一個結尾是 16 的排列，變到另一個同一類型的排列，需要經過偶數次的滑移動作。

瑞西特問道：

這一事實是顯而易見的嗎？

朱爾答道：

這並不那麼顯然，但我可以很容易說服你，為什麼它必定是真的。首先注意到，在每次棋子滑移後，在棋盤中空格的移動情形，無論是水平方向（向左或向右）或垂直（向上或向下），都讓空格在棋盤上「旅行」。你的思路有沒有跟上來呢？

瑞西特：

完全沒問題，請繼續。

他顯得有點不耐煩地聽其餘的證明。

朱爾繼續作解釋：

假設你由初始狀位 S 開始，經過幾步的滑移之後，你到達最終的狀位 F。因為空格在棋盤上的「旅程」是由出發點（右下角）回到原來的位置，因此如果它向上滑移，譬如 m 次，那麼它也向下滑移 m 次。於是垂縱的上下共滑移 $2m$ 次。同樣地，水平左右方向也滑移偶數次。進而，從 S 到 F 總共的滑移次數為兩個偶數之和，它必為一個偶數。因此我們已確定：

【事實 1】欲達到最終狀位，需要偶數次的滑移動作。

論述到達這個地方，朱爾停下來，開始檢查他的筆記本。瑞西特的聲音填補了短暫的沉默。

但是，事實並不排除還是有其它可能達到最終的狀位 F，不是嗎？

朱爾微帶惱火看著他，並且回答說：

當然，確實是如此，【事實 1】本身還不夠。必須等到我證明了：

【事實 2】欲達到最終狀位，需要奇數次的滑移動作。

如此這般，把這兩個事實合在一起，我們就得到一個矛盾。從而得到這樣的結論：15 的謎題是無解的。因為若這個謎題有解，譬如說 n 步，則這個數既是奇數也是偶數，這樣的數必不存在！

瑞西特熱烈發表意見：

這肯定是令人歡喜的論證，我渴望看到你對【事實 2】的證明。

朱爾：

如果你不介意的話，我將會很高興這麼做。首先我需要幾分鐘的時間重新研讀我的筆記。

瑞西特：

當然不介意，你需要多少時間都沒問題。

瑞西特又補充說:

你不必覺得不好意思，因為我也有一些事務要處理。不會花太久的時間。

當朱爾專注於他的筆記時，瑞西特離開了房間，回到他的書房，關上門。他走到辦公桌坐下來，拿起半埋在文件堆中的電話號碼，撥出一通電話。對方的回話是:「對不起，我們現在無法接聽你的電話，如有需要請留言。」在短暫的「嗶」一聲後，答錄機開始記錄瑞西特的訊息:「這是瑞西特。我有好消息，我找到了他們所要的人，現在我們的團隊已經完整了。今晚你可以回話給我嗎? 謝謝你。」他掛斷電話。朱爾面對只有他一人的聽眾宣布說:

我們需要回到置換 (permutations) 的概念。

瑞西特再次回到大房間，舒適地坐在那張有四分之三的面積覆蓋著書籍與紙張的皮沙發上。
朱爾:

存在有兩種不同的置換，即偶置換與奇置換 (even permutations and odd ones)，就像數有偶數與奇數。你熟悉這些概念嗎?

瑞西特承認說:

我恐怕是不懂。

朱爾:

現在我們從頭開始說起。任何給定的置換都可以用自然數 1, 2, 3, 4, 5 … 等等進行「交換」來「解讀」。在此考慮一個例子，我們使用 6 個數字，而不是 16 個，這樣更簡單，但原理是一樣的，並不失其一般性。你需要拿一些紙來書寫。

瑞西特拿起一張白紙，斜躺在附近，並且從他的口袋裡拿出一支鋼筆。

朱爾：

請你寫出 362154。

瑞西特按照要求，寫出藍色的小數字。

朱爾：

現在交換 3 和 1，並且寫出所得到的置換。

置換「162354」出現在瑞西特的紙上，一次一個數字，列在前一個置換的下方。他按照朱爾的交換指令，忠實地寫出每個新的置換。

朱爾：

現在交換 2 和 6（「126354」），再交換 6 和 3（「123654」），最後交換 6 和 4。那麼你必然已經得到「123456」這個狀位，即自然順序。

瑞西特看著紙張說：

我如實辦到了。

朱爾：

請注意，從「362154」變到「123456」，你經過 4 次的交換。事實上，還有很多其他的一序列交換，可以得到這個相同的結果，但它們都具有共通的性質：交換的次數恆為偶數。這是一個周知的性質，你可以在任何數學教科書裡查到這個論題。基於這個理由，我們就稱「362154」為一個偶置換 (even permutation)；而一個置換若需要奇數次的交換，才把它變成自然順序，就稱為奇置換 (odd permutation)。

朱爾停頓了一下，彷彿在等待瑞西特提問，但他卻保持沉默。朱爾繼續說：

> 現在回到我們的謎題，棋盤上的初始狀位是一個奇置換，因為只需要交換 15 與 14（即作一次的交換）就恢復為自然順序。另一方面，最終狀位本身已是自然順序，它不需要作交換（即交換為 0 次）。換句話說，最終狀位是一個偶置換。

此時瑞西特打斷朱爾的話，同時身體向前傾，他的聲音充滿著興奮之情。
瑞西特：

> 現在我知道你在說什麼了，戴維森先生，這是非常高明的想法。在此謎題遊戲中，一個被允許的滑移實際上就是一個交換：16（即空格）和其他一些數字（或周邊棋子）的交換位置。經過一次的滑移，棋盤上的置換就會從奇變成偶，或從偶變成奇。因此，要從初始狀位（奇置換）變到最終狀位（偶置換），必然是經過奇數次的滑移。這就是【事實 2】的結論，於是整個證明就完備了，因為滑移次數既是奇數又是偶數，這樣的數不存在！

瑞西特興奮得雀躍起來，朱爾同感歡欣。朱爾仍然坐在電腦桌前，瑞西特把右手放在朱爾的肩膀上，直接注視著朱爾的眼睛，表情嚴肅地說：「我有一個令人激動且報酬豐厚的提議，戴維森先生，希望你能接受它。」

由於朱爾對「15 的謎題」之歷史一直感到好奇，所以才使得他得知故事的全貌。顯然 Loyd 設計這個謎題時，故意讓它無解。為了鼓勵人們購買他的遊戲，他提供 $1000 的獎金作為誘因。他清楚地知道，他永遠也不會支付這筆錢。然而，儘管他的發明成功了，但是他從未在美國取得專利權。據一份資料說，為了獲得專利，他必須提交一份「工作模型」(working model)，也就是題解。但是，當專利局的辦事員了解到 Loyd 的謎題無解時，辦事員告訴他，在這種情況下，無解不是一種「工作模型」，沒有「工作模型」就無法申請專利權。

第 04 章
倫敦之行

Wisdom, thoroughly learned, will never be forgotten.
徹底學到的智慧，將永遠不會遺忘。

To cognize the Divine Essence—this is the highest purpose of soul, sent by the Creator to the Earth.
認識神聖的本質——這是造物主遣送靈魂到地球來的至高目地。

—Pythagoras—

當艾瑪・高威醒來睜開眼睛時，床邊的鬧鐘顯示著星期四早晨，這是1997 年的秋末。他有個奇異的預感，覺得今天不會是一個普通的日子。首先，一位 63 歲牛津大學古典歷史的老教授睡過頭了。這不是由於鬧鐘失靈，而是狗兒失責。他的黃金獵犬叫做「拖鞋」，如此命名是因為牠喜愛黏著牠主人的拖鞋。今天早上 6 點鐘牠沒有爬上教授的床，輕輕地喚醒他，這件事原本是牠每天早上，甚至是週末都會盡責做的工作。

高威匆忙起床，時間已經是 7:45。他正準備要到廚房去泡今天的第一杯茶時，撞上同樣匆忙的「拖鞋」，牠從相反的方向衝過來。他假裝惱怒地用手指著牠，說:「老傢伙，你遲到了，我也是，我們已經沒有時間去晨間散步了，這都是你的錯。」牠以一個響亮的叫聲回應。

在他到達廚房之前，電話鈴響了。他接了電話，但是這隻不安分的「拖鞋」一直試圖吸引他的注意力。

「艾瑪嗎? 我是大衛 (David)。昨天我給你的留言，你看到了嗎?」對方是大衛・格林 (David Green)，是一位古籍的經銷商，他在英國創立「大衛・格林稀有書籍和手稿有限公司」。他不時地需要尋求專家高威的建議與協助，以判定古老手稿的起源與真實性。他的公司設在倫敦的 Mayfair 區（倫敦上流住宅區）的一棟三樓建築，而他在本店頂樓的辦公室打電話。

高威:

> 對不起，大衛，我昨晚很晚才回到家，而沒有檢查電子郵件。怎麼了?

格林:

> 我們有一件物品，若你能提供意見，我會很感激你。這是一個相當迫切的問題。你有機會可以過來嗎?

高威:

今天嗎?

格林:

如果可能的話，最好是今天。

為了使他的要求更具有吸引力，他補充說:「這件物品你可能會很感興趣。」

高威:

等一下，讓我看看……，我有一個圖書館委員會的會議，我知道我已經慢要遲到了。

當高威看著他的記事本時，有一陣短暫的沉默。他保有兩本記事本:一本放在大學裡，另外一本放在家裡。這兩本所記的事情並不見得一致。

高威:

哦!老天，今天下午我有一位海外來的訪客，但是我想我可以處理，如果我……

格林熱切地打斷了他的話:

那太好了!今天任何時間我都可以，謝謝你，艾瑪!我真的很感激你這次能夠幫忙。

在高威還未確認他確實能來倫敦之前，格林就掛斷了電話。

首先有一些事情必須處理，高威不能錯過圖書館委員會的會議，因為這次將討論訂閱學術期刊的預算要大幅縮減的議題。在沒有人堅決反對之下，應該會獲得通過。這次會議可能會佔用早上大部分的時間，但他肯定可以趕得上搭乘 12:45 的火車，並且在下午 2:00 抵達倫敦。他認為在城市開車是麻煩的事，要盡量避免，因此，即使火車的服務品質已不如從前可靠，他還是寧願搭乘火車。

他忘記下午還有個約會，此時要取消為時已晚。因此他才會請他以前的學生布萊德雷・瓊斯頓代為照顧他的海外訪客，瓊斯頓現在是一位年輕的研究員。這位海外訪客是從加拿大某個博物館來的一位女士，她可能感興趣的是阿什莫林博物館 (The Ashmolean Museum) 不對外開放的特藏品。他認為布萊德雷完全可以代他並且勝任愉快。阿什莫林博物館創立於 1683 年，屬於牛津大學的一部分，自從 19 世紀中葉以來，已成為英國最古老的公共博物館。這裡收藏的藝術品和考古珍品，主要是古希臘和羅馬的雕塑，還有大量的鑄成品，包括奧林匹亞的阿波羅 (Apollo) 以及奧古斯都 (Augustus)。當高威終於坐上 12:45 的直達火車，從牛津到倫敦的帕丁頓車站 (Paddington Station)，他的內心滿是欣喜。因為早上會議中的爭論比他預期的還要少，更重要的是他單槍匹馬就阻止了古典研究部門，用於購買學術期刊的資金被大幅縮減。某個精於財務的白痴爭辯說，大多數的研究資訊都可在網路上免費取得，以此證明預算可以縮減。這個可憐的傢伙顯然不知道如何做學術研究。

事實上，高威很清楚，現在越來越多的學術期刊都有電子版，不只在圖書館開放的時間內，隨時隨地都可以用極低廉的成本從網站上取得。雖然他一直不願意承認：他不信任電子版的學術文章，他喜歡的是紙張印刷版，白紙黑字，明確絕對。因為電子版敲幾下鍵盤或按滑鼠就可以改變，而印刷版持久不變。
他為印刷版辯護：

> 一張光碟片可能含有相當於一座小型圖書館的資訊，但這使你成為科技的奴隸，因為你必須藉由科技才能閱讀它。另一方面，古老的文本，寫在傳統薄片、紙草卷、羊皮紙或普通紙張上，在文本與讀者之間少了一道媒介物。若沒有過去的

> **那些「硬體抄本」，我們就不知道古代的狀況。我們也確信，這個時代的硬體抄本，有些會對 4000 年後的學者產生影響。**

高威「為愛書而愛書」，不僅僅是因為書本提供資訊。從電腦螢幕上閱讀文字，其樂趣無法跟讀一本書相比。讀一本書可以自在地打開一個頁面，感受紙張的紋理。格林書店位在倫敦布魯克街 (Brook Street) 上某棟大樓的一樓，高威從來都不會錯過機會瀏覽書架上的稀有書籍。這個地方的灰塵和舊紙，有種典型二手書店的發霉味道。偶爾他也會去逛二樓，這裡保存最有價值的書籍和手稿，全都控制在適當的溫度和濕度之下。

在這些尋寶過程中，他擁有了翻譯成拉丁文的歐幾里德 (Euclid) 第一版的《原本》(*Euclid's Elements*)，時間可追溯至 1482 年。而歐幾里德是古希臘亞歷山卓 (Alexandria) 傑出的數學家之一，論聲望只有畢達哥拉斯和阿基米德能夠超越他。在西元前 3 世紀，歐氏在雅典接受柏拉圖的學生之教導，然後任教於亞歷山卓大學。他最著名的工作是寫出《原本》，第 5 世紀新柏拉圖主義的思想家普羅克拉斯 (Proclus) 這樣描述他：

> **他從一些基本假設出發，將幾何學和數論，有系統地推導出無可反駁的結果，把前人鬆散證明的東西有邏輯地連結起來。**

透過其無數的版本和譯本，歐幾里德的傑作成為自古以來最成功且最具影響力的數學教科書。

在 1482 年出售的拉丁版《原本》，是根據中世紀阿拉伯文版，由英國 Bath 地方的 Adelard 教士翻譯的。這個版本很特別，除了具有數學的重大意義之外，在印刷史上也開創出新時代，第一次將圖畫和幾何圖形刻在金屬板上。一位威尼斯的印刷商人聲稱，在他之前沒有人能夠做到這件壯舉。這是一本迷人的手工著色抄本，被保存得相當良好，並且有 18 世紀早期耶穌會修道院的圖書館保有碑文證明它的出處。

高威試著在頭腦裡翻譯著他自己隨意翻開的一頁。他沒有真正試圖去了解數學內容，但他推測作者在討論質數，也就是一個正整數除了 1 與本身之外沒有其他的因數（在本書附錄 II 我們會給出歐幾里德的證明：質數有無窮多個。）當他好奇地詢問其價格時，被告知「市價為 30 萬英鎊」，大約合 45 萬美元。

多年來，高威對古籍和手稿，已小有收集，其中有些相當罕見，但是都不及古老的《原本》珍貴與高價。他最珍愛的是他父親給他的四個埃及紙草卷。高威對於擁有紙草卷一直感到不安，他只對最親密的朋友提及它們的存在。他懷疑他的父親在一次實地考察中，以不合法的手段買到這些東西，所以他也不認為自己是合法的擁有者。這些紙草捲可能是一筆不小的財富，但是，艾瑪從來不敢評估它們的價值，生怕被質疑其來源。大多數國家的博物館與有信譽的經銷商現在有一個嚴格的規定：不許收購非法運離原產地的東西。

高威試圖安慰自己說，時代已經改變了。有關挖掘與擁有古文物這件事，在他父親時代的道德標準比今日寬鬆多了。例如在 19 世紀曾當過馬戲團大力士的義大利探險家喬凡尼・貝爾佐尼 (Giovanni Belzoni)。他是第一位進入埃及寺廟和金字塔的歐洲人之一，他運出了大量的埃及古文物到倫敦的大英博物館，特別是巨大的拉美西斯二世 (Ramesses II) 的半身雕像。他在 1820 年出版的《埃及與努比亞的考古發現》這本暢銷書裡，描述當時考古挖掘的實際情景：「於是我從一個洞穴行進到另一個洞穴，所有的木乃伊都以不同的方式堆放著，有的立著，有的躺著，更有堆放在他們頭上的。我的研究目的是盜取埃及人的紙草書，我發現有一些隱藏在他們的胸部，或在手臂下方，或在膝蓋上方，或在大腿上，以及被布層層包紮的木乃伊裡。」至少，貝爾佐尼好意地留下一些紙草書給未來的考古學家——比如留給他的父親來發現？高威很諷刺地這樣想著。

高威從未跟他的父親談論他對古代書卷的疑慮不安，基於相同的心理，他也不提及這些年來歐內斯特爵士從挖掘現場帶回來的東西

——從硬幣到石棺等琳瑯滿目的物品。一部分的原因是，企圖心旺盛的父親和保守怕事的高威並不合，但他確實曾徵詢過他哥哥約翰的意見。

他從約翰那裡得到不太婉轉的回答:「胡說，誰先找到就算誰的。」約翰繼續說:「如果不是因為英國人和德國人把它們挖掘出來，所有的東西仍然會在洞穴中或其他地方腐爛。你比我更清楚，海因里希・施利曼 (Heinrich Schliemann) 到達那裡之前，希臘農民竟在使用這些古老的珍貴石頭建造雞舍；埃及農民放火燒了無數的古籍和文學作品，只為一聞紙草燃燒的味道！艾瑪，我們為這些人與人類做了功德。」施利曼是現代考古學的先驅之一。他在德國出生，後來成為美國公民，在 19 世紀末期，他在希臘領導大規模的挖掘工作，例如他發現了特洛伊 (Troy) 的廢墟與皇家墓地，挖到許多金、銀與象牙製品等巨大的寶藏。他也在克里特島 (Crete) 發現了邁錫尼 (Mycenae) 文明的遺址，以及克諾索斯 (Knossos) 地方的米諾斯 (Minos) 宮殿。

約翰・高威 (John Galway) 個性浮誇，加上他是一位成功的商人，說起話來直言不諱。他擁有地質學的碩士學位，但從來不想要成為一位科學家。剛從大學畢業出來，他就創立了一家進出口公司，專做寶石買賣，特別是做綠寶石的生意。他更與哥倫比亞的一家跨國礦業公司合作，開採綠寶石。

約翰有他自己的想法，認為他的弟弟應該做古書買賣。他告訴艾瑪說:「我知道在 Bogotá 有個小伙子，會毫不猶豫的支付高價來購買你的那些紙草書。」他繼續說:「你要停止疑慮，並且要用紙草書賺來的錢為你的退休生活建一筆優渥的基金。你認為如何呢?」艾瑪禮貌地回答說，他會考慮這件事，但他確實認為他的哥哥比他的父親更無顧忌。

火車準時進入倫敦的帕丁頓車站。在午後這個地方已是人來人往，高威花了約 20 分鐘才叫到計程車。他給了司機地址:「大衛・格林稀有書籍與手稿有限公司。」由於交通很擁擠，他又花了 20 分鐘，才抵達目的地。

建築物的一樓是對外開放的，而較高的樓層只接受預約。高威一進店門，爬上樓梯頂端。那裡有一把椅子在一扇關閉的門邊，還有一張小桌子在另一側。門上寫著：「會面受限。欲服務請按鈴。」他按了對講機，確定了自己的身分，被邀請進入，於是他繼續上樓梯。當他來到頂樓，他走過一個狹窄的通道抵達接待處。

「高威教授，很高興見到你！」我是格林的祕書桑德拉 (Sandra)。她以一貫的愉悅心情迎接他。桑德拉是一位褐髮女人，身體強健，40多歲仍未婚。她非常投入工作。她的溫暖與良好的幽默感，讓客戶與參觀者一走進來，很快就感覺到受歡迎的氣氛。「妳好，桑德拉，我也很高興見到你。『美人』好嗎?」他問候桑德拉的貓，「牠最近身體不適，可憐的寶貝。獸醫正在給牠特別節食。牠似乎吃得太多，就像牠的女主人一樣！」她笑了。高威也不自在地笑著，不知道接下來該說什麼。

大衛・格林走出他的辦公室，打斷她的話，說：「艾瑪，很高興你來了！」還好逃過一劫，高威心想。格林以兩手抓住教授的右手，熱情地握了握並邀他進去。經過一道門，格林說聲：「請勿打擾，桑德拉。謝謝你。」這兩個男人便消失在辦公室門後了。

第 05 章
從過去捎來的一封信

There is geometry in the humming of the strings,
there is music in the spacing of the spheres.
在琴弦的音樂聲中有幾何，在星球的間隔之間有音樂。

—Pythagoras—

位於倫敦西部的格林稀有書店三樓淩亂的辦公室裡，艾瑪・高威和大衛・格林兩人面對面坐著。他們分坐在桌子的兩邊，桌上有一塊玻璃墊，上面放著一件用布包著的物品。在下午三點鐘，外面的天色已經黑了，又下著濛濛的細雨，房間內也是同樣的昏暗，唯有一盞落地燈，錐狀的罩子把黃色的燈光照射在桌面上。

他們在一起已過 15 分鐘，大部分的時間都是格林在講話。他告訴高威教授有關於西班牙人阿方索 (Alfonso Lopez de Burgos) 先生的事，他正在倫敦出差，前一天曾來書店裡，帶著一本古書，他希望賣掉它，並要求給予估價。這本書就放在桌子上，格林非常感謝高威能夠對它的來源、真偽以及可能的歷史價值，提供專業的意見。時間對於阿方索先生很重要，因為他在第二天就要離開倫敦前往德國的漢堡 (Hamburg)，在那裡他也打算請人評估古書的價值。顯然阿方索相信自己身懷珍寶，並且希望貨比三家，尋找開價最高的買家。而因為阿方索先生不是常客，所以格林通知高威盡快幫忙解決問題。

高威的身體向前傾，從桌面拿起包著的書，小心取下亞麻布封套。他的手戴著白色的棉手套，這是處理古物的標準程序，可以防止古物受到可能的損害，同時也保護處理者免受到模具和其他潛在有毒物質的危害。他取下亞麻布封套放在桌子上，就開始審視手稿。

這本「書」包括了封面及十幾張鬆散綑綁在一起的 6×9 吋羊皮紙，但是缺少封底與扉頁。從被燒焦的頁面邊緣可以猜想得知，這可能是火災中倖存下來的。這本書完全是用古阿拉伯語寫成的，高威是研究古代史的專家，所以對於這種語言有一定程度的理解。從 8 世紀到 13 世紀，大多數西歐國家被流行病、饑荒和戰爭所毀滅。幸虧有阿拉伯的科學家和哲學家搶救出許多古代的文化遺產。由於他們翻譯成阿拉伯文，使得亞里斯多德、歐幾里德、阿基米德、托勒密、普羅提諾和其他許多偉大思想家的作品才得以保存下來。這些阿拉伯語的版本涵蓋廣泛的題材和流派，從哲學的論題與文學創作，到科學論文與技術手冊，往往再增加譯者自己的貢獻，通常以評論或補充的形式出現。雖然用希臘文寫在紙草上的文獻絕大多數都消失了，但是阿拉伯文譯本卻多數保存下來，變成寶貴的資料，提供現代學者得以研究那段黃金歲月的希臘文化和文明。

高威的眼睛沒有移開書頁就問:

阿方索先生如何擁有這本手稿呢?

格林:

他提到多年來書稿一直放在家裡，但他無法透露任何細節。他來自哥多巴 (Córdoba) 市，他的祖先遠在中世紀時已經住在那裡，那時是在摩爾人 (Moor) 的統治下。

歷史學教授高威這次眼睛移開書本看著格林說:

哥多巴曾經是西班牙在摩爾人統治下的首都，也是一個獨立統治地區的中心。最偉大的阿拉伯哲學家伊本・魯世德 (Ibn-Roshd)，就出生在哥多巴，他是亞里斯多德哲學的著名評論家，亞維侯 (Averroes) 這個名字更為人熟知。在 10 世紀中期，這個城市達到了輝煌的高峰。當時，哥多巴是一個學術的領導中心，擁有歐洲最大且收藏最豐富的圖書館之一。

格林問，但顯得興趣缺缺:

你是在暗示，這本阿拉伯文的手稿可能來自哥多華的摩爾人嗎?

格林檢查過這本書，大致的年代應該不會早於 16 世紀，但是對於它的內容，他就沒有什麼概念；所有他所知道的都是阿方索告訴他的:這是一件古希臘手稿的阿拉伯文譯本，述說一個故事或某種形式的史詩。「從那位客戶告訴我的，」他繼續說，忽略了一件事，高威沒有回答他先前的問題，「這本書可能是阿方索在中世紀的祖先流傳下來的，所以最後才會落到他的手裡。但我不這麼認為，因為我覺得羊皮紙不夠古老。」

但是高威已不再聽格林說話。他開始利用放大鏡，破譯阿拉伯文寫成的文件。手寫的筆跡比較容易閱讀，但是鞣酸鐵墨水已經腐蝕了羊皮紙的某些地方。格林感覺到教授目前正集中所有的注意力在手稿上面，所以決定不打擾他。他只是坐在那兒，沉入他自己的想法裡，不時地向高威瞟眼。當高威瀏覽文件時，顯然他只是在試著了解文字的大意，而且它變得越來越興奮。辦公桌上的電話響了兩次，桑德拉才從接待桌接電話。

將近 15 分鐘過去了，最後高威闔上書，慢慢的把放大鏡放回他的口袋，透過老花眼鏡的邊緣注視著格林，並且故意以平靜的聲音說：「如果這本書是如我所想的那樣，那麼這次你有機會獲得最不尋常的文件。」

高威的話，確實震驚了古文物書商。格林對他所聽到的，似乎更困惑而不是高興，他有點招架不住回問：「為什麼……，你的意思是什麼?」

高威開始解釋：

經我粗淺的讀過後，這本手稿最有可能是一封信，顯示它要講述的只是一個故事，而不是什麼神話或史詩。然而，對於一個訓練有素的眼睛，加上對前蘇格拉底 (pre-Socratic) 希臘哲學史具有正確認識的人，只需做少許的外推就能夠填補知識上的不足，在我手中的文件記錄了偉大的哲學家和數學家畢達哥拉斯的死亡事件，它是由畢氏學派內圈的目擊者，被稱為早期畢達哥拉斯學派的追隨者所寫的。

格林沉默不語，彷彿在期待教授說下去。高威繼續說：

可以肯定的是，畢達哥拉斯的名字並沒有出現在文本中的任何地方，但是這個結果跟他的弟子基於崇敬教主之情，而從不說出他的名字，兩者做法上是一致的。此外，畢達哥拉斯的名字未出現，正表示作者是他的追隨者之一，並且他的記述只作為內部閱讀之用，可以這麼說，這跟畢達哥拉斯學派兄弟會成員想保持神祕感有關。

他拿下老花眼鏡，然後再繼續說：

當然，這份手稿只是一個阿拉伯文的翻譯，甚至可能是抄本的翻譯，時間大概在 13 世紀左右。如果作者所說的是實話，而且如果文件是真的，無論在這兩大「如果」的哪一種情況之下，我承認我才剛開始要破譯其中的要點。我們目前只知道一件事，畢達哥拉斯和他的弟子在房裡聚會時，被惱怒的暴民放火燒死，其所在的城市就是今日義大利南部的克羅頓。他們為何會在那個地方聚會，以及為何煽動攻擊者的名字會被公布，那些細節歷史學家至今仍一無所知。我敢肯定地說，只要徹底地分析文本，就會揭開畢氏之死和他倖存弟子命運的謎團。

他一面用白棉布手套包住的指尖輕拍著古老羊皮紙，一面說：

要說誇大這個文件的歷史意義是不可能的。這個悲慘事件發生在西元前 500 年左右，現存最古老的記載大約在 4 世紀中期，幾乎是在事件發生後的 900 年。有些版本還說，在火災過後畢達哥拉斯倖存下來，並逃到麥塔龐頓 (Metapontum)，據說經過多年後才去世。

格林問道：「那麼你要我怎麼做?」他已經從起初的震驚中恢復過來。

高威：

目前看來，你必須爭取一些時間，並告訴阿方索先生，你對這本書很感興趣，但需要更多時間來研究它，並且對羊皮紙和墨水作一些測試，不要告訴他真正的理由，免得他相信他的手稿可能是歷史珍寶，那時價格會乘以 20 倍。在此期間，我會盡快做出一個完整的翻譯，你有一份影本，不是嗎？

格林點點頭，並且說：「那當然。」為了避免羊皮紙暴露在影印機所產生的光與熱之下，格林早就採用無閃光燈的數位相機來拍攝，並且用加強印刷功能的電腦，將全書 22 頁都影印下來。當他拍到最後一頁時，想起曾發現了一件怪事。這本書缺少了封底，但對於很古老的書這是很平常的事情。此時他的聲音突然興奮起來，他向高威提出問題：「是否有缺頁呢?」

教授已經開始將書裝回原亞麻布的封套中。「有可能；裝訂線的黏合劑相當乾燥，因此，可能有一些頁面已經變得鬆散且脫落，關於這點，你比我更清楚才是。」高威說著，有點不懂他的問題。

「我的意思是，書到底有沒有缺頁?」格林堅持著。「這很難說，因為用來保護書本的書衣已丟失，所以最後一頁覆蓋著各種殘留物，幾乎難以辨認。」高威說著，同時再次打開布套，開始檢查手稿的背面。格林就站在他的身邊，用手指著書的裝訂線。「請用放大鏡看看裝訂線的邊緣那裡。」高威按照指示做了。他驚叫著：「真是該死！線被切割得乾乾淨淨！」

對於這個發現，他們不久就拼湊出一個可能的解釋。把裝訂線切割後，原書被拆成兩半成更薄的「半書」。這或許可以解釋缺少封底的原因，它大概是黏著在下半本書。然後，剩餘的裝訂線邊緣被弄亂，並且染色加以破壞，讓人看不出被切割的痕跡，最後一頁的文字被刮除掉，再弄髒使其難以辨認。他們深信，仔細的考察羊皮紙必會確立他們的論點。至於為何要採用「外科手術式」的操作，他們只能單憑推測。

格林提出了他的猜想:

我懷疑, 阿方索先生認為兩本古老的「半書」比完整的書有價值, 而我想這可能是真的。

高威面帶微笑說:

如果是這樣的話, 這是整體小於部分之和的例子。

接著他以嚴肅的口吻補充說:

如果我們的猜測是正確的話, 那麼後半本書發生了什麼事?

格林:

它可能已經被賣掉了。……

高威:

是的, 但是缺少前半部, 後半部可能還未能被辨認出到底是什麼, 我很好奇作者還有什麼事要說, 因為我們已經知道前半部似乎包含了故事的主要情節。等我完成翻譯後, 我們可能知道得更多, 我會立刻來做這件事, 希望在星期一之前就能夠送給你。

格林:

這樣太好了, 但是我現在更該操心的是阿方索先生。等到明天早晨, 他來店裡時, 萬一他要估價, 我該怎麼辦? 他可能堅持要帶著書到漢堡。

高威:

你別無選擇, 但要堅持你的說詞: 你對他的手稿有興趣, 但在你出價之前，你需要更多的時間來評估。那麼就讓他來決定下一步該怎麼做。我只擔心主控權不在你的手中。

當艾瑪・高威回到家時，已經很晚，他太激動了以至於無法睡覺，於是決定立刻開始著手翻譯手稿。他為自己泡了一壺茶，坐上書桌，「拖鞋」趴在他的腳邊，地面鋪著褪了色的東方式地毯。

在開始工作之前，他先檢查語音信箱，發現有一則是布萊德雷・瓊斯頓的留言，他想要見高威，討論有關加拿大訪客伊蓮娜的事情，因為他要離開城市，直到星期一才會回來；還有一則是獸醫辦公室的留言，提醒他「拖鞋」要打每年例行的預防針；最後一則是大衛・格林的留言：

艾瑪，我是大衛。阿方索先生來電說，有人闖入他的旅館房間，所以他不想帶著書到漢堡去，他要我把書保管在保險箱一直到他下週回來。我想你會很高興聽到這個訊息，我們又多了幾天可以對書作完整的評。期待盡快收到你的譯本。

第 *06* 章
得而復失

A thought is an idea in transit.

思想是腦中飄過的念頭。

Do not say a little in many words but a great deal in a few.

不要話多而含意少，要話少而含意多。

—Pythagoras—

星期一過了，格林仍然沒有高威的訊息。他在心裡猜想，教授花在翻譯上的時間可能比他預期的還要長。但是他並不介意，因為在他的手頭上還有滿檔的新目錄需要準備。

幾乎是一星期後的一個星期二的早上，那位自稱阿方索的人又出現在格林的書店。在這段時間，他到德國漢堡去出差三天，不幸他住的旅館房間被小偷闖入。相較於六天前他走進書店內時帶著一個公事包，裡面放著一本珍貴的古書，心情十分開朗，此刻則相當鬱悶。

由於他堅持要私下會見格林，因此他們就到在格林辦公室旁邊一個專門給這種特別場合的小房間見面。這位西班牙人超過六呎三，身體健壯有如舉重選手，且有著黑眼睛、禿頭和修剪整齊的八字鬍，穿著一件灰色條紋西裝，以及閃亮的黑皮鞋。格林請他坐在靠窗戶旁的一個大沙發上，面對著自己。整個房間家具布置是一對椅子、一張鬆動的桌了，上面放著一臺咖啡機，還有一個文件櫃與低矮的書櫥，這個房間主要是格林用來閱讀和放鬆的場所。

格林已經擬定好一個攻防計劃來面對阿方索。關於書被拆解這件事，必須要求他作解釋，但不直接指責他這是錯誤的行為。接著再告訴他，缺少後半部會減損手稿的價值。可以預料得到，接下來會是討價還價的攻防過程。

但是出人意料的，阿方索先生早就預料到格林精心策劃的攻防計劃：他決定要來澄清缺少後半部書的理由，但是有一個附加條件，格林必須承諾不透露他所聽到的一切。格林對這個西班牙人承諾：「我絕對會保密到家。這點你可以完全信賴我。」但他連忙又補充說：「若涉及犯罪的事情，那就另當別論。」

「不，不，絕對沒有犯罪，」阿方索強調，然後他問：「格林先生，你有宗教信仰嗎?」這個問題讓這位書商感到驚訝。「嗯! 是的， ……在某種意味上我想是有的。」這種半承認似乎已讓他的客戶放心，因為他立刻就開始說話了。下面就是他對格林所講的故事。

在 1997 年 9 月 27 日，義大利中部的阿西西 (Assisi) 地區受到一場大地震的襲擊，嚴重損毀 13 世紀宏偉的聖法蘭西斯 (Saint Francis) 教堂和修道院。在較深處的某個地方，搖搖欲墜的牆上發現了一個密室，裡面有各種文物與宗教物品，還有古老的教堂記錄和收藏的古籍。大多數的文件都處在非常惡劣的條件下，但有一些則相對地保存完好。

修道院的修士貝尼代托 (Fra Benedetto) 是檔案管理長兼圖書館管理員，他相信：前人為了保護這些物品，才刻意地封鎖在牆壁中，時間可能是在 14 或 15 世紀的時候。在那個時候，阿西西與鄰近的佩魯賈 (Perugia) 是仇敵，並且佩魯賈人曾多次拘捕與掠奪他們的敵城，摧毀且焚燒許多寶貴物品。

因此貝尼代托決定拋售一些古籍，用來籌資重建大教堂並且恢復其珍貴的壁畫，這是中世紀義大利的藝術大師喬托 (Giotto) 與契馬布埃 (Cimabue) 的作品。然而，只有那些他認為對教會或方濟會沒有歷史價值的手稿，才會被拿出來拋售。整個運作是私底下祕密由修士自己操作地進行，沒有尋求上級主管的批准。貝尼代托認為，他的想法來自教會的創辦者。有個故事這樣說，有一天聖法蘭西斯在阿西西地方一個被棄置的聖達米安 (Saint Damian) 教堂祈禱時，他突然聽到十字架上傳來一個聲音，召喚他：「法蘭西斯，請你在眼前所見的廢墟上，修復我的房子。」然後，年輕衝動的法蘭西斯，就從他父親的倉庫偷偷賣掉一些絲綢，以資助修復計劃，從而實現了上主的願望。

但是沒有公開拋售還有一個更重要的原因，那就是所有權問題。在教堂裡發現的物品和文件，其實並不理所當然屬於教會。若要嘗試透過適當的管道以確定其所有權，可能必須花很長的時間。但是直到 1929 年，教皇和世俗權力之間透過協商達成了一項協議，羅馬教廷被正式認定為擁有聖方濟會數百年歷史文物檔案的機構，但在此之前所有權就不清楚了。

貝尼代托真的別無選擇，只能採用隱蔽的運作方式。這件工作很有意義，或在這種情況下，為了換得一個新的教堂圓頂，不惜規避一些正當的程序，這樣做非常值得。他向上主禱告，請求他的理解，而不是他的寬恕，以便讓他的計劃持續向前進行。

貝尼代托向他的老朋友與掌櫃伊格納西奧 (Fra Ignacio) 吐露了他的計劃。伊格納西奧是一位西班牙人，來自一個古老貴族的家庭；他另一個身分是阿方索先生的哥哥。

伊格納西奧順著貝尼代托的策劃，並且提議：在他弟弟阿方索的幫助下，賣掉古籍。阿方索是一位虔誠的天主教徒，為公事去過各地出差，是他可以完全信任的人。他的想法是，要阿方索在不同的地方與時間只拋售一本書，以免引起懷疑，並且要聲稱那本書是他很久以前的祖先收購的，沒有所有權的問題。在超過 700 年以來，阿方索的家族出了幾位將軍、部長、大使和羅馬天主教的大主教和樞機主教，這樣的聲譽將有助於為阿方索建立起信譽——他們是這樣認為的。

然而，實行這樣的賣書計劃並沒有他們想像中那麼順利。在 5 本有價值的書中，阿方索確實賣出了 4 本。但他沒有告訴格林的是，在馬德里 (Madrid) 的一家書店，有群信譽卓著的古董書商沒有被「這是我的家族故事」這種故事所說服，反而嗅到一些犯罪氣息而拒絕購買。於是阿方索被迫透過信譽有問題的中間人交易，這些人代表匿名收藏家在黑市上購買書稿，而出了只有估價的一小部分。

格林打斷他的話，問道：「我可以請問你，所有交易的總金額是多少嗎?」根據格林估計，他所保管的畢氏羊皮紙書，可以輕易賣得 30 萬英鎊。如果其餘書稿的價值相當，那麼總共可以賣到好幾百萬英鎊。

「我恐怕無法透露。」阿方索回答道，他很快就繼續說他的故事，以避開任何進一步的提問。

最後的這第 5 本書是一個特殊情況，後半部的 8 頁以另一種語言——希臘文來書寫，並且內含一些幾何插圖或藝術作品。

正如格林先前所猜測的，阿方索切割裝訂線把書拆開，從而得到另外一本「書」，就是希望分開出售，可以增加他的總收入。

阿方索所做的事再平常不過了，這是眾所周知的事情，在貿易上，有些粗心或心術不正的人會毫不猶豫地，從有價值的書籍撕下美麗的圖畫或插圖分開出售。這對原書的完整性往往造成災難性的後果，但是他們認為分開出售可以獲得更多收益。

知道了他對畢氏手稿所做的事情，另一點讓格林困惑的是，一本歷史書稿竟會在尾頁設計插圖。這些設計是用來作為裝飾之用，以使書稿更具吸引力，或者只是整體故事的一部分？然而為何要從阿拉伯文轉譯成希臘文呢？而對於羅馬書籍這是尋常的事情，經常會為了方便那些不懂希臘文的讀者，而將希臘文的書籍附上拉丁文的翻譯與評註，那麼此書的阿拉伯文也算是希臘文的補充嗎？對於這些問題，格林必須請教高威，但他目前更關注的是那些缺頁部分的去向。

格林問道：「另一本『書』在哪裡？」

在阿方索尷尬回答之前，有一段長時間的沉默，他的視線移開格林，然後說：「我不知道。」格林再問：「你說不知道是什麼意思？」阿方索：

> 它被偷走了！上週四的下午，有人進入我的旅館房間拿走了，當我回到旅館的房間時，我發現我的行李箱被打開，並且被搜過了，通常我不會放任何貴重物品在裡面；我所有的交易文件都有安全控管，在任何時候我都放在隨身攜帶的手提箱或存放在我的筆電裡。

他告訴格林，這次他把殘缺不全的書放在行李箱裡，埋在一堆不顯眼的宣傳手冊、雜誌和其他各種文件堆之中，以為這樣是安全的，但是書卻消失了。

阿方索：

只有知道這本書是什麼並且知道它價值珍貴的人，才會偷走。

格林：

你被盜，有沒有報警呢？

阿方索：

沒有，甚至沒有請旅館處理，你應該可以理解我為什麼沒有這麼做的理由。此外，對於這個問題，我不認為警察或其他任何人可以幫助我把羊皮紙書找回來。格林先生，書是一去不復返了，我很害怕我把壞消息告訴我哥哥的那一刻。我感到很慚愧，我不該擅自破壞這本書，但是我做了，這是對我貪婪的懲罰。

格林希望他可以相信這個西班牙人所說的故事。但是這真的重要嗎？偶爾他會要求賣方簽署一份文件，聲明書本「無任何法律問題」，也就是可確保賣方擁有它，並且有權利把它賣掉。這可為他提供某種程度的法律保障。但此人承認，這本書並不是他的。另一方面，如果他說的是實話，那麼聖方濟會可能將主張是擁有者，如果成功的話，大概會給他們擁有權利把書賣掉。然而，只要有委託貝尼代托或伊格納西奧當代表的聲明書，其實就足夠了。如果他們希望的話，也可以將聲明書保密。

仍然存在著另一個問題。在通常的情況下，格林會嘗試用盡可能低價買進一本書，然後以盡可能的高價賣出，以賺取最大的利潤。這只不過是市場運作的法則，一種有利可圖的商業運作方式。但是，如果他說的故事是真實的，這就不是一件普通的商業交易，還會涉及天主教會，因為他們預計將收到的錢，用在建教堂這個價值非凡的目的上。在阿方索不知道畢氏手稿的真相下，要怎麼向他開出低價還要能確保把書買到手呢？他又怎麼能這樣無恥地佔便宜呢？他決定不能這麼做。

「這是我的建議，阿方索先生。」西班牙人洗耳恭聽：或許有一個周全的方法來解決他的困境。他認為相信格林是正確的決定，他在心裡這樣想。

「我需要你哥哥或貝尼代托的書面聲明，」格林繼續說：「這份文件還需要有一名律師通過認證，說明這本書被發現的情形，以及宣稱其擁有權。這份文件還應當有授權的委託書，讓你有權把書賣掉。」

「是的，是的，這是可能的。是的，我明白，我認為這是可以做到的。」

然後格林解釋說，他不僅不想參與犯罪，也是為了保護自己免受商業上不健全的運作。他又解釋說：「在交易進行中，有時會出現一位聲稱擁有所有權的人，這並不奇怪。之後交易就破裂，造成雙方在法律和財務上相當大的損失。」

「那麼，你願意買我的書囉。你要出多少錢買它呢？」阿方索先生急於確認書能正式賣出，並且獲得公平的市場價格，否則就要繼續保留它。

「是的，我對你的書當然很感興趣，但我不想要買。」

「這下就不明白了。……」

「我仍然在等待專家的鑑定報告，但如果書是真品，我相信這是很古老的羊皮紙書，非常難以偽造。我們將在二月舉行拍賣會，我建議你在會場上把它賣掉。這樣，你會得到最高的金額，而聖法蘭西斯將很快就能修復他的教堂。」

阿方索從他的座位站起來，並且用雙手抓住格林的手臂說：「謝謝你，非常謝謝你，格林先生。」在他的大圓臉上充滿著解脫的輕鬆感。

「有一件事我還是需要你。」從格林的聲音顯示，似乎還有一個問題未解決。阿方索向後退坐回他的椅子。

格林說:「在英國我不能公開出售沒有義大利與歐盟出口許可證的珍貴物品。雖然我很願意幫助你，但是我不願意用我的名譽冒險去做這件事。」

阿方索先前的興奮迅速轉變成失望，他盯著格林，思考著如何好好地定出一個問題，或者更確切地說，如何把一個微妙的請求，掩飾成為一個問題。

「有沒有什麼辦法可以讓你的哥哥成為擁有者?」格林猶豫了一下。「我的意思是，他可能取得必要的證件嗎? ……」

「我知道你的意思,」阿方索以理解的笑容打斷說。「我敢肯定，這是可以做到的;修道院裡有個位高權重的朋友。」

「很好，那麼只要你有聲明書和其餘的文件，你就傳真給我，我來作必要的拍賣安排。」而且，他有些不自在地補充說:「我收取的交易費是銷售價的 5%，這低於標準佣金的 7%。」

當阿方索在傍晚離開大衛・格林的稀有書籍與手稿有限公司時，他再次心滿意足。當然，還有一些細節有待擺平，他還沒有告訴他的哥哥關於發生盜竊案的事情，但由於格林的關係，他現在看事情的角度不同了。他看到的玻璃杯不再是半空的而是半滿的:他認為自己是幸運的，只失去一半的寶貴手稿，另外的一半還有很大的希望可以賣得一筆可觀的金額。的確如此，他應該更小心謹慎，把貴重物品存放在旅館的保險箱裡，但是他怎麼可能會預料到，有人竟然會發現他的行李箱，並且把書偷走呢? 他本能地認為，這跟他的交易有關——競爭對手的潛入是要竊取一些商業機密。在安全系統的世界中，間諜是一個恆定的威脅，對此他已經習慣了。他總是隨身攜帶著他的商務資料，並且對最敏感的文件加密保護。但是另一種可能性讓他恍然大悟，他說:「那個闖進他的房間，偷走古老羊皮紙書的人，是不是此人也正在尋找它呢? 這似乎是不可能的事，因為除了他的哥哥和貝尼代托之外，當然沒有人知道他身懷一本珍貴的書。同樣地，為了以防萬一，他決定將剩下的半本書存放在格林書店裡，這比他在漢堡旅行時帶在身上會更安全。」

回到辦公室，大衛・格林也問自己類似的問題：小偷是為了要找阿方索的書嗎？是否也有人在追尋畢達哥拉斯的手稿？為什麼他不問阿方索這件事情呢？他在心裡想著，我必須找高威教授談一談。

他經過一個連通門進入他的辦公室，坐在他的辦公桌上，思索他和阿方索的談話內容。他按下電話的轉接鈕，然後說：

桑德拉，請妳打電話和高威教授連絡，如果必須留話，那麼請妳告訴他，這裡有急事找他。謝謝了！

沒等多久，桑德拉就回電：

格林先生嗎？我剛剛跟高威教授的助理連絡過，得知教授的父親去世了，他到加地夫 (Cardiff) 去處理喪事。

第 07 章
家人的死亡

Anger begins in folly, and ends in repentance.
憤怒始於愚蠢，終結於後悔。
—Pythagoras—

I would rather discover one cause
than gain the kingdom of Persia.
我寧可自尋的一個答案，即使波斯帝國我都不與交換。
—Democritus—

歐內斯特・詹姆斯・高威 (Ernest James Galway) 爵士於 1997 年 11 月 28 日，在 94 歲生日的前夕，在睡夢中平靜地去世。這位著名的考古學家獨自一個人住在一棟半獨立的房子，屋後有一個小花園，這裡位在離加地夫的市中心不遠之處。當星期五管家來時，發現老人家已經死在床上，立刻把這個不幸的消息通知他的兩個兒子。

按照一般的標準，歐內斯特・高威的一生充實而快樂。他在 1903 年出生在倫敦，一生沒有為國服役過，因為第一次世界大戰時他太年輕，而第二次世界大戰時他已年老。他喜歡四處旅行，並且很享受作為一位考古學家和探險家漫長而輝煌的職業生涯。在此期間，他獲得了眾多的獎項和榮譽，但是他的婚姻就不太成功，不過他離婚後仍和前妻保持良好的關係，也從未跟他的兩個兒子約翰與艾瑪失去聯繫。這兩個兒子現在來跟他見最後一面。

星期二葬禮結束後，艾瑪與約翰清點父親的遺物。多年以來，老人家早就把他長久收集的多數古文物，與具有考古價值的物品贈送給博物館和大學。他只保留幾個顏色鮮豔的非洲面具和盾牌，裝飾在他研究室的牆壁上。在他的辦公桌上與文件櫃裡，存放著他大量的旅行和探險記錄，包括有照片、筆記、信件、圖紙、地圖、合約、收據等等。他們都知道，在幾年前，他們的父親開始寫回憶錄，他使用一臺老舊的麥金塔 LC (Macintosh LC) 來輸入手稿，他們在辦公桌的抽屜裡發現有印刷出來的版本，標定為「第 1–14 章，第 3 次的草稿」。

歐內斯特・高威的律師羅伯斯・哈里斯 (Robert Harris)，是家族的一位朋友，也是遺囑的執行人。遺囑的條目很簡單：他所有的財產由約翰和艾瑪繼承平分，只有一筆 5000 英鎊的錢除外。這筆錢保存在一個特別的帳戶裡，將捐贈給南威爾斯 (South Wales) 的考古學會。還有一個特別條款：如果他的回憶錄在死亡之前還未出版，那麼所有相關文件、初步草稿、電腦裡的檔案等，都委託艾瑪處理，然後艾瑪可按照自己的意思處置它們。在離開加地夫之前，艾瑪將這些文件和父親的電腦都安排好，並運送到牛津大學。

當天下午，艾瑪打電話給格林，得知阿方索先生的故事以及即將到來的拍賣會。就他所知，高威告訴格林說，畢氏的書稿是阿拉伯文的翻譯，似乎是由畢達哥拉斯的一位弟子寫給另一位弟子的一封信。高威說:

據我所知，經過初步的語言學分析，比較了詞彙、寫作風格、縮寫等可靠的訊息來源，這是在 12 到 13 世紀寫成的阿拉伯文。

格林打斷說:

這符合檢驗的結果，我剛拿到實驗室化驗羊皮紙與上面墨水的報告，結論是：有 90%的把握，時間可以追溯到 12 世紀早期到 13 世紀中期之間。

高威說:「太好了!」他接著又說:

另外，我相信這個譯本可能是一個抄本，因為裡面有翻譯者不可能犯的一些錯誤，而只有機械似地抄寫時才容易犯的錯誤，但這並不會減損這本書的價值。除了有關畢達哥拉斯的死亡情形之外，作者還聲稱擁有畢達哥拉斯本人的手稿，他寫道:「必須不惜一切代價加以保護的文件」。這在歷史上是另一件令人震驚的大事，因為古希臘學的所有權威學者都一致認為：畢達哥拉斯沒有留下任何著作，所以只有一個可能性，在畢達哥拉斯死後，弟子們擔心可能會永遠失去教主的教誨，於是有一些門徒寫了摘要和註釋，集結成冊。綜合起來，如果畢達哥拉斯自己寫的手稿確實存在，很可能是一本紙草書卷，這必定是具有特殊歷史價值的一份文件。然而畢氏的原則是，忍住不把他的發現以書面的形式保存下來，以免落入不純正者的手中，因此我們會好奇，是什麼原因促使

他寫出手稿呢？到底又有什麼重要的理由，讓他放棄自己的原則，寫出書面文字呢？

高威相信，阿方索書上的缺頁可能不是單純的布置，而是可能對畢氏書卷的命運透露出一線曙光。

「你問過阿方索他影印書了沒?」

「不，其實我還沒問，但是如果他有影印本，我相信他會告訴我。」

「你為什麼不問他呢? 如果方濟會沒有為他們的檔案製作抄本，我會很驚訝，因為他們總是有記錄的習慣。」

高威預計在星期四完成翻譯。然後用電子郵件把它寄給格林，附上一個簡短的摘要，通知要舉行拍賣會的時間與地點。

「你會明白的，」他告訴格林，「我想要保有翻譯的版權，最終提交給一些著名雜誌社出版。但是我會等待，看看我們是否能得到那些缺頁的影印版。在此期間，我要寄給你的文本就如詹姆斯・龐德 (James Bond) 的電影所說的《最高機密》(For your eyes only)。」

格林接著問高威，牛津大學的阿什莫爾博物館 (The Ashmolean Museum) 是否有意願購買畢達哥拉斯的書。「也許吧! 但我懷疑他們是否有足夠的財力來擊敗所有富有的私人收藏家。」

在星期三，高威回到他在牛津大學的辦公室，開始清理他不在時，所積壓的電子郵件和語音信箱的留言。然後，他請布萊德雷・瓊斯頓來，因為他有一些有關他的消息要告訴他。

瓊斯頓首先告訴高威有關伊蓮娜來訪的事情，她因為舉辦展覽，有興趣於畢達哥拉斯時代的手稿。這樁巧合似乎令高威想到了什麼，他接著說:「好了，你聽完我的發現後，就可以告訴那位來自加拿大的年輕女士，她很可能有機會得到她想要的手稿。」經過稍微猶疑後，他又補充說:「但是，你也要告訴她，不要抱太高的期望。」

教授似乎意味著，他的學生瓊斯頓很適合處理伊蓮娜的事情，他很高興找到賦予瓊斯頓跟她聯繫的好理由。

那天晚上當高威回到自己的家，迎接他的是那隻興奮的「拖鞋」，跳躍著迎向他。可憐的小動物還沒有完全康復，在狗窩裡度過四天沒有主人在家的日子。「我知道你想念我，」他對狗說，捏捏牠的臉頰，牠輕輕地搖擺著頭，似乎也在說：「我也思念你，老傢伙。」

他難以入眠，因為問題在他的腦海裡活蹦亂跳，即使畢達哥拉斯真的用紙草寫東西，書卷存在 2500 年的機會有多少呢？確實是相當渺茫！不過讓人有些信心的是，仍然有更古老的埃及紙草書在相對良好的條件下被發現，加上這位古老信件的作者寫下了他的決心：「必須不惜一切代價加以保護」。也許他已經採取了非凡的預防措施，來保護紙草書，以免被時間和不良的人手所蹂躪，這是否意味著珍貴的書卷隱藏在某處，也許是隱藏得太好了，所以一直都沒有被發現呢？但如果書卷終究存在，那麼必是為某人而寫；如果沒有人讀它，那麼寫它的目的是什麼呢？畢達哥拉斯打算要做某種時間的膠囊，以便被後人發現，並且把內容透露給未來嗎？如果是這樣的話，恰是在什麼時候以及為了什麼目的呢？

高威意識到，只有一個辦法可以求得答案：那就是著手找尋畢達哥拉斯的手稿，即使只有很渺茫的成功機率，也在所不惜。好像獲得這樣的結論就可以紓解緊張的壓力，讓他的心情輕鬆起來，於是他立刻呼呼大睡，進入了夢鄉。

第 *II* 篇
一位非凡的天才人物

There is something marvelous in all natural things.
所有自然界的事物都有驚異的一面。

The so-called Pythagoreans, who were the first to take up mathematics, not only advanced this subject, but saturated with it, they fancied that the principles of mathematics were the principles of all things.
所謂的畢氏學派的成員，是最先從事數學研究的一群人，他們不僅促成這門學問的進展，而且還盡情地享樂在其中。他們夢想著，數學的原理就是所有事物的原理。

—Aristotle—

第 08 章
委以重責大任

在留西普斯（*Leucippus*，*5* 世紀 *B.C.*）與德謨克利特斯（*Democritus*，約 *460－370 B.C.*）的時代，甚至比這更早，存在有所謂的畢達哥拉斯學派，他們致力於研究數學，並且最先推展科學；這些都貫通之後，他們夢想著：數學的原理就是一切事物的原理。

——Aristotle，《形而上學 A.5》——

李希斯 (Lysis) 突然醒來，因他再次夢見了火災，所以心砰砰直跳著，以及額頭布滿了汗水。這次的夢境是如此的真實，他甚至可以發誓他的臉上感受到酷熱，聽到真的慘叫聲，以及人們在痛苦中求救的呼喊。他是個生性樂觀的人，習慣地看事物的光明面，但最近他卻有一種預感：這些夢境預告著一些迫在眉睫的災難將會發生在第 71 屆奧林匹克運動會的隔一年，也就是 496 B.C.。

他疑惑的說：「我的夢境難道是神的警告嗎?」赫拉 (Hera) 是奧林匹斯山諸神的天后，他對她獻上禮敬已經有一段時日了。她的神廟位在一個海角，在大希臘地區的克羅頓附近，俯瞰著愛奧尼亞海 (Ionian Sea) (參見本書所附的地圖)。當我到她的神廟敬拜時，都會獻上小麥、大麥、起士蛋糕作為供品。他知道，對於女神而言，牛是特別神聖的動物。在兄弟會內，禁止殺害動物，外界稱他們的兄弟會為一個教派，而按照教主畢達哥拉斯的規定，他必須穿著潔淨的衣服，由左側進入神廟敬拜。沒有人在這間神廟打過瞌睡，因為打瞌睡就像黑、褐色一般，給人懶散的感覺；相反地，整潔的儀容則象徵公平與正義。

他期望能夠前往德爾斐 (Delphi) 請教神諭，解釋他夢境的意義，但是現在他必須參與一件更緊迫的事情。如同教主的僕人，查摩西斯 (Zalmoxis) 在前晚發布訊息所說，教主要委派李希斯處理「一個極為迫切而重要的問題」。

李希斯來自塔蘭托 (Tarentum) 城，這座城坐落在一個多岩石的半島上，位在克羅頓的北部 (參見本書所附的地圖)。李希斯年輕時，曾前往克羅頓聆聽一位來自外地聖人的教誨，此人就叫做畢達哥拉斯，他體型高大、談吐優雅並且儀態萬千，他受到萬物的祝福，讓他擁有無與倫比的智慧。他是一位大量旅遊的外國人，克羅頓的人對他留下深刻的印象，迅速贏得了他們的尊敬，所以理事會的長老們便邀請他去給年輕的男女講學。這個人的聲譽卓著，使得近悅遠來的達官顯要和國王都來聽他雄辯的論述。畢達哥拉斯會告訴聽眾說：

在一些公共場所觀察聚集的群眾，便能見識到形形色色的人。有一種人是為了金錢和利益急售他的商品；另一種人是為了名聲展現身體的力量；但那些擁有最自由開放心靈的人聚在一起，他們思索著眼前的美景、美麗的藝術作品，觀望英勇的楷模，欣賞文學傑作。因此在現實生活中，作各種追求的人他都聚集在一起，有些人是受到財富和奢侈品的慾望之影響；其他人則愛好權力和掌控別人，或受到榮耀的驅使，而產生瘋狂的野心，但是最純淨且更真實的人物，則致力於沉思最美麗的東西，可以適切地稱他們為哲學家。他們探勘整個天空和旋轉不息的星球，這確實是美麗的；當我們再考慮，從可理解的第一原理演繹出秩序時，更令人感到驚心動魄。事實上，第一原理就是：萬有皆為整數的比值。據此所有的星球作美妙的排列，並且調和地運行。同樣漂亮的是獻身於學問，類似這樣的追求就是哲學。

他也教導**靈魂是不朽的**，死後靈魂作**輪迴轉世** (transmigration of souls)，進入另一個人或哺乳動物的身體。由於這個原因，人們必須放棄吃肉，以免在不知不覺中吞噬自己的父母、孩子或朋友，在靈魂轉世後所變成的肉體，基於種種理由，也禁止食用豆類，特別是因為他們相信，在靈魂的輪迴轉世過程中，豆類是靈魂的一個臨時儲藏所，或許是由於豆類形狀類似於人類的睾丸的關係。
他敦促眾人說：

不要用邪惡的食物來玷污你的身體。我們有農作物，有壓低枝頭的蘋果，以及掛在蔓藤上飽滿的葡萄、有美味的草藥和蔬菜，可以在火上煮熟、軟化，我們不缺乏流溢的牛奶或百里香蜜。大地是人類之子的寶藏，提供我們取之不盡的食物，而不需要屠宰動物或做流血的事情。

畢達哥拉斯出生在薩摩斯島 (the island of Samos)，位在愛琴海的東海岸，在愛奧尼亞 (Ionia) 的西部，這個地方是希臘的殖民地。曾經繁榮和富足的愛奧尼亞人，在西元前 6 世紀中葉已被扣上征服的枷鎖，首先是被呂底亞王國 (Lydia) 侵略，然後再被波斯帝國 (Persia) 占領。在雅典和斯巴達勝利的日子還沒有到來之前，希臘精神的榮譽由定居在義大利南部的希臘人守護而生生不息。由於波斯的征服，導致許多學識出眾的愛奧尼亞人遷移到義大利南部，在長靴的這端希臘城邦星羅棋布，這裡的自由和繁榮，充滿著吸引力。這些新來者之一就是畢達哥拉斯，他到達克羅頓後，不久就創立了一個奉行禁慾主義與神祕主義的社團或兄弟會，既是科學學校，也是宗教社團，致力於研究數的神奇性質，他認為「**數是萬有的根源**」。基於崇敬教主的理由，該教派的徒弟們從來都不提畢達哥拉斯的名字，只稱呼他為「教主」(the Master) 或「那個人」(that Man)。

李希斯加入畢達哥拉斯的兄弟會，很快就成為「數學家 (mathematikoi)」，是畢氏學派的兩組學生中，層級較高的。這些人跟隨在畢達哥拉斯的身邊，學習詳細的算術 (即數論)、音樂、幾何學，天文學，以及其他的科學。另一群學生稱為「聲聞家 (akousmatikoi)」他們被限制只能聽取教主的一位徒弟，給教主的演講作總結，但是沒有作詳細的解說。

畢氏學派的弟子，每天的課程開始於孤獨的晨走，走到一個安靜的地方，如寺廟或森林裡。他們獨自一個人走，因為他們認為，要達到內心深處的寧靜，講話或混雜在人群中是不恰當的。

晨走之後，他們在寺廟或一個安靜的地方作團體聚會，討論教主的教誨，或聆聽教主的演講。接下來，他們把注意力轉集中在鍛鍊身體的健康，他們之中的大多數人都以賽跑來健身，其他人則是以摔跤或跳躍來健身。

接著他們共進午餐，吃蜂蜜與蜂巢，以及用小米和大麥做成的麵包。下午他們繼續走路，兩人或三人一組，複習他們受到的教導和學到的戒律，接著他們到澡堂清洗自己的身體，準備參加傍晚的儀式。

他們洗淨身體後，聚集在公用的餐室，在此畢達哥拉斯進行祭酒與燒香，以紀念死者和榮耀神。他們表現神的方式，不是透過擬人化的圖像，而是用一種圓球狀的神聖容器，類似於宇宙的形貌來象徵神的顯現。在這些儀式中，他們反覆做三次，因為三腳鼎象徵阿波羅預言中的權力。

晚餐他們吃生的或煮熟的蔬菜和香草、起士蛋糕、葡萄和無花果乾，但很少吃魚，且從不吃豆類或動物的肉，比較特別的是他們可以喝酒。晚餐後則朗讀一些畢達哥拉斯的戒律和格言來結束一天的課程，例如：

> **不要吞噬掉你的心**
> （意思是，我們不應該用悲痛和哀傷來折磨自己）。
> **不要用劍撥火**（不要招惹正處在憤怒中的人）。
> **不要粗心地進入一個寺廟，也不要心不在焉的崇拜。**
> **總是打赤腳獻祭品和崇拜。**
> **用你的耳朵對神祭酒**（用音樂美化你的崇拜）。
> **對天上的神獻上一個奇數，但對地獄則獻上偶數**
> （對上帝獻上不可分割的靈魂，對地獄則獻上肉體）。
> **不要在灰燼上留下任何鍋痕**（和解之後，要忘掉分歧）。
> **幫助一個人挑起重擔，但不是幫他放下來**
> （不要鼓勵懶惰，而要鼓勵美德）。
> **不要在雪地上寫字**（不要相信反覆性格之人的告誡）。

這些都完成後，他們就散去，各自回家。

由於李希斯很清楚知道，某些克羅頓人 (Crotonians) 仇視畢氏兄弟會，所以他們可能圖謀發動基層的叛變行動。另外，兄弟會也可能會樹敵，像教主昔日的一位弟子喜帕恰斯 (Hipparchus)，當教主教他最重要的事，是應該保持沉默，並且在任何情況下都不得透露哲理給世俗的外人時，他卻不分青紅皂白地在公開場合空談哲理。因此，他被兄弟會開除，並且為他建造一個象徵性的墳墓，墓碑上寫著：「他已被宣告死亡」。

更糟糕的是，另一位褻瀆神明的弟子希柏休斯 (Hippasus)，他洩露不可共度的量 (incommensurable quantities) 的祕密，給那些不配得知的人，讓極度憤怒的神聖權力，因而發動了一場可怕的謀殺，當希伯休斯在愛奧尼亞海岸邊航行時，讓他的船撞上尖銳的珊瑚礁，並且聲稱是因為不虔敬而死亡。

兩條線段，長度為 a 與 b，**是可共度的** (commensurable)，如果存在一個共同的度量單位 u，使得 $a = n \cdot u$, $b = m \cdot u$，其中 n 與 m 都是正整數。否則我們稱 a 與 b 為**不可共度的** (incommensurable，即沒有共同的度量單位)。當 a 與 b 是**可共度**時，$\frac{a}{b} = \frac{n}{m}$ 為一個分數（或叫做有理數）。

兩條線段 a 與 b 不可共度，表示它們的長度比值 $\frac{a}{b}$ 不能表現為一個分數。畢達哥拉斯學派（簡稱畢氏學派）是第一個發現一個正方形的對角線與一邊是不可共度的人。換句話說，如果正方形邊的度量，例如採用公分，得到 n 公分，那麼對角線的度量就不會是一個確切的整數公分；不管採用什麼長度單位，結論都是如此。在實踐中，總是可以發現，在精確度的限制範圍內，任何兩條線段都「可共度」，這只需要選擇足夠小的長度單位就好了。這些經驗事實可能導致畢氏學派相信，任何兩條線段都是可共度的。

畢氏學派或某個不知名的畢氏弟子，如何發現兩條不可共度的線段，對此一直有許多猜測。但是亞里斯多德 (Aristotle) 的一段話，提出一個可能的論述，導致如下的結論：亞里斯多德說正方形的對角線與一邊是不可共度的，因為如果是的話，則奇數和偶數的概念會合一。上面的論述關鍵在於早期畢氏學派所持的概念——「一個線段是由有限個點所組成的」。從而他們的幾何學得以建立在自然數的基礎上。

現在假設我們構建了一個正方形，它的一邊有奇數 k 個點。試問對角線有多少點？例如說有 n 個點。有一位不知名的畢氏弟子首先論證 n 必為偶數：因為根據教主的著名定理（畢氏定理）可知 $n^2=k^2+k^2$，所以 $n^2=2k^2$ 是一個偶數。因為只有偶數的平方會是偶數，所以 n 為偶數。其次，他又論證 n 必為奇數：因為如果 n 是偶數，則其平方 n^2 必為 4 的倍數，這就不是 $2k^2$ 之形，因此 n 為奇數。（當 k 為偶數時，同理可證。）

此時畢氏弟子必會陷入困境，因為要讓一個數同時是偶數和奇數，在邏輯上是不可能的事情。（對於畢氏學派來說，一個數是否為偶數或奇數非常重要，因為這個性質關連到其他非數學的想法。）因此，我們不知名的畢氏弟子——我們想像他年輕，金髮碧眼，具有敏銳的才智、好奇和敏感的心靈，必會得出結論說，對角線**無法賦予一個數**！要解決這個矛盾，他顯然不可能想到要給對角線的長度賦予一種新數，即我們現在所說的**無理數**（不能表為兩個整數比 $\frac{n}{m}$ 的數叫做無理數）。我們記此數為 $\sqrt{2}k$，其中 $\sqrt{2}$（2 的平方根）是（無理數）用正方形的一邊當單位長度來度量對角線所得到的結果。

從我們今日有利的知識角度來看，我們幾乎很難想像，發現不可共度的量對於畢氏學派所造成的痛苦和絕望。一方面這個事實打擊到他們教派的宗旨：「萬有皆整數和比例」。另一方面，因為對他們來說，現實 (reality) 要用數學來描述，所以他們同時也窺見了現實的核心存在著一個矛盾。這實在是一個可怕的真理，以至於他們不惜一切代價要把它保密且隱藏起來。如果他們偶然發現神從來沒有打算要讓人知道的禁忌知識，他們會如何呢？誰知道有什麼不可說的懲罰會降臨到他們的頭上呢？希柏休斯的死不就是因為揭露祕密，導致神靈報復，而被謀殺於海上嗎？

再從另一角度來看，我們不知其名的畢氏弟子，他心靈必然是受到神的祝福，所以他不僅發現了一項新的真理，而且只用純粹推理，就完成了最早的數學證明之一。在他之前的古埃及、巴比倫與古印度的數學，雖然擁有豐富的算術與幾何的事實知識，但是這些都只是敘述性的，從來沒有邏輯的論述證明。在希臘首度出現從第一原理或公理出發的數學證明，這讓希臘數學——特別是歐幾里德的《原本》(The Elements)，成為數學嚴謹性的標竿，延續了兩千多年直到今日。

在克羅頓的居民中，有一位最突出且富裕的貴族，名字叫做賽龍(Cylon)。他是一個性情狂暴易怒，甚至反應劇烈的人，誰也無法阻止他要實現任何目標的行動。因為他認為自己配得上天下任何美好的事物，所以他認為被錄取為畢氏教派的成員是他的權利。因此他去見了畢達哥拉斯。

那些想要進入畢氏教派的人，必須通過一定的入學測試，時間可能需要長達一年才完成。但在此之前，畢達哥拉斯就開始研究他們的舉止、步態以及整個身體的動作，他認為這些可見的跡象都反映了不可見的靈魂傾向，例如是否具有從事嚴格研究的潛力，或能否過著嚴厲苦行僧生活的能力。

畢達哥拉斯並沒有花多久，就已辨別了賽龍的真性情。在沒有含糊的說詞之下，他被拒絕入學。賽龍把這件事視為一個莫大的侮辱，並且憤怒不已。正如李希斯所擔心的，他對畢達哥拉斯和弟子們，設計了一個強烈的報復計劃。

由於戰爭的關係，他的機會終於來臨，恰巧克羅頓打敗且征服富庶奢華的鄰居錫巴里斯 (Sybaris) 城，這座城位在塔蘭托的海灣，這是一次慘烈的戰役。多年來克羅頓人享有和平與繁榮，但是由於人心思變，他們不再滿足於地方法官和原先政府的形態。征服錫巴里斯後，很多人不滿於被征服土地的劃分，而提供了一個挑戰現行憲法的藉口。李希斯在大會中提出修改憲法的辯論，例如開放法官的裁判權給每一個公民，當這個提案被畢氏弟子 Democenes 反對時，賽龍趁機對畢氏兄弟會發動反擊。而在一個漫長而火暴的演講中，他指責畢達哥拉斯的哲學，是一種反民主的陰謀。

賽龍長篇大論的誹謗，引起了廣大群眾的激情。有位平民尼龍 (Ninon) 利用他的誹謗，假裝已經洞穿了畢達哥拉斯學派的祕密。而一位抄寫員開始讀尼龍給他的一本書，標題是《神聖的話語》：「對待朋友要跟崇敬神一樣，但是其他人將被視為畜生。」緊接著是捏造其他一系列的謊言：畢達哥拉斯曾稱讚荷馬為牧民之王——暗中贊同貴族，意謂著統治者是稀少的，而其餘的人都像牛一樣；豆類應該被蔑視，因為它們被用在投票上（選民投贊成或反對某公職候選人時，分別就在甕中放置淺色豆或深色豆）。然而，畢達哥拉斯學派的公職人員是用指派的；統治應該是一種慾望的對象，因為當一天的公牛勝過當一輩子的牛；人們必須謹記，當他們舉起右手投票時，同一隻手卻被貴族的畢氏學派拒絕。

賽龍和尼龍的聯合攻擊，其目的是明確的：鼓動克羅頓人起來反對教主和他的弟子們。李希斯心想，最壞的情況還沒到來，因為沒有人知道極端的賽龍可能會去尋求什麼報復，如今群眾已經站在他的身邊。李希斯很擔心，反對畢氏學派的暴動正在醞釀中，當然在這關鍵時刻，毫無疑問的，教主急著想要見他。

當李希斯抵達教主的房子時，在走廊上迎接他的是畢達哥拉斯的大女兒 Myia。當她打開一個通到高牆內部庭院的大門時，她說：「教主等著你。」李希斯走進屋內，在前往接待室的途中，他經過了禮敬宙斯的祭壇 (Herkeios)，這是「守衛家園的圍牆」。

僕人查摩西斯站在小前廳，他沒有說話，指著隔壁的房間，房間內唯一的光線是來自於牆上高處的一個小窗口，光是從庭院透進來的。李希斯站在門口，等待招呼以進入屋內，他的眼睛雖然慢慢適應房內的陰暗，但是也只能勉強辨認出一位留著長頭髮的老人身影，穿著潔白的衣衫、外衣長及腳踝，正坐在木板凳上，位置遠在房間的另一端。

畢達哥拉斯終於說話了：「請進且請坐下，我忠實的朋友。」同時他也一直在研究著李希斯的表情：「我藉由你的心靈，已看到你不安的思緒。」

「是的，教主!」李希斯回答說。

李希斯再次說話之前，坐到一張矮凳上。

「賽龍正處於強烈報復的情緒之下，已經激起群眾來反對兄弟會，我擔心可能會產生暴力的不幸結果。」

「輕率的行動是一種愚蠢。」畢氏平靜地說。

但是李希斯關注另一個不安的來源:「最近我曾作了一些不安的夢，我相信是透露預兆的夢。我擔心您的生命安危，教主。」

「不要忘記，凡是人皆有死，……」接著畢氏的語氣突然變得敦厚，補充說:「我有我自己的一些預感，這就是我派人去請你來的原因，李希斯，你是我最忠實且可靠的朋友。」

李希斯唯一的反應是一陣輕微低頭，有點不好意思。他被教主讚美，心裡雖高興，但不會喜形於色。

畢達哥拉斯:

> 除了我的女兒 Myia 之外，沒有任何人知道我要你做的事情，甚至我的妻子 Theano 或任何我最親密的朋友都不知道。除了我們三個人，沒有其他人參與這個祕密；除非對的人出現。

他撫摸著他的白鬍子，一副若有所思的樣子，以引起李希斯注意他說的話。畢達哥拉斯繼續說:

> 天意讓我活到今日，但是我現在已經收到了神的訊息，我的靈魂將很快就會從我疲憊的身軀離開，遷移到另外一個肉體裡面，以完成最重要的任務，我需要你的幫助來實現這件事。

他一邊說著，把他的左手停放在躺在他身旁長椅上的一件物品，但現在李希斯才注意到:這是一個金屬的圓柱筒，用來保存紙草書卷。老人敲擊著金屬的外殼，然後說:

> 全部的祕密都寫在這個紙草書卷裡，當我的靈魂再次轉世到人間時，我必須充分利用它。

停頓片刻，他又補充說：

> 你要按照我的指示來處理信件，以免寶貴的文件丟失，或更糟糕的是，落入壞人的手裡。

接著畢達哥拉斯指示李希斯要將紙草書卷保存在一個安全的地方，小心翼翼地保護它，並且在死後轉交給李希斯的兒子、女兒、妻子，或是一位值得信賴的朋友。這個人必須保證效忠於畢達哥拉斯的誓言：

> 我對他發誓，啟示我們靈魂的 Tetraktys（完美的 10 的四元說）是最神聖的符號，是所有的智慧以及大自然祕密的永恆泉源。

●

● ●

● ● ●

● ● ● ●

Tetraktys: 1 + 2 + 3 + 4 = 10

新的託管者要把文件傳遞給自己的後代，他們再交給他們的後代，等等，如此這般一代又一代，一直傳遞下去。

代代的保存者都會受到阿波羅 (Apollo) 的保護，但他們被警告說，如果他們忽視託管珍貴手稿的職責，破壞它的保護密封，或將畢氏的使命置於險境，那麼神的憤怒和詛咒將會降臨在他們的身上。紙草書卷，從一個保護者傳遞到下一個保護者，必須是接續不斷的，也許要經過很長的一段時間，直到畢達哥拉斯的靈魂轉世到某個人後才能完成使命。此時神會發出一個信號給目前的保護者，要他交付紙草書卷給轉世的這個人。

李希斯一直傾聽著教主說的話，他很自豪自己被選定為託管紙草書卷的第一代人，但他也意識到有個沉重的責任將落到他的身上，雖然他希望教主會多告訴他這項任務的一些性質，但是他不敢開口問。不過他覺得有一個特別的關鍵要點必須進一步澄清：

> 當適當的時間到來時，那位保管紙草書卷的人要如何在所有的人之中，認出轉世的教主呢？

畢達哥拉斯似乎懊惱他問這個問題，好像他的弟子應該知道答案很明顯，但是從他回答的聲音裡並沒有顯現出惱怒的跡象，他盯著李希斯說：

> 這個人必須具有非凡的天賦，極為精通數的祕密；對於他來說，許多奇妙的事物都將永恆緊密相連。

第 *09* 章
天才諾頓

Truth is so great a perfection, that if God would render himself visible to men, he would choose light for his body and truth for his soul.

真理是多麼偉大而完美，如果神要向人類現身，他必會選擇光做為身體，真理做為靈魂。

—Pythagoras—

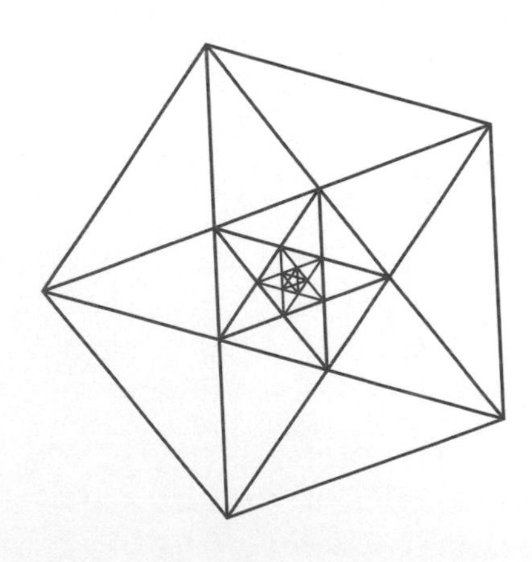

諾頓 (Norton Thorp) 在 1963 年春天生於莫斯科，他是中年美國外交官與相當年輕的俄羅斯芭蕾舞女演員所生的唯一孩子。在冷戰期間，他奉命派到蘇聯為國服務，然而諾頓的父母從未結婚，當父親唐納 (Donald Thorp) 要離開莫斯科返回美國時，只帶著 4 歲的兒子，而孩子的母親瑪麗娜 (Marina Golikova)，基於職業上的理由，沒有隨行。唐納的妹妹德瑞莎 (Therese Thorp)，是一個離過婚且沒有孩子的女人，從各方面來考量，她最適合當諾頓的第二個母親，同時也身兼父親的職責，由於唐納在國外工作，所以大部分的時間都與兒子分離。

德瑞莎過得舒適且富裕，這是由於她的辯護律師摩里斯 (Morris Pringley) 幫忙她得到優渥的離婚條件，而從前夫得到豐厚的贍養費。摩里斯曾經有一段時間是德瑞莎的情人。德瑞莎是一位開朗、和氣且有教養的女人，已經三十多歲，雖沒有特別的才華和雄心，但是個性溫和，而婚姻的破裂並沒有重挫她，身當諾頓的代理母親，這是天賜的新角色，因而讓她似乎找到了人生的目標，從此她以傳教士般的熱誠和自制，致力於教養她的侄子。

諾頓不是一個普通的孩子，由於早產的關係，一出生就待在保溫箱裡三個星期，這期間是跟母親分離的。從他和母親相聚的那一刻起，他就開始展現出明確的早熟跡象，是一個非常警覺的嬰兒，睡得很少，甚至哭得更少了！他閃閃發亮的綠眼睛，不斷地審視著他的周遭，吸收每一個細節，並且跟蹤任何輕微的動作，一有人跟他說話，他的注意力總是特別敏銳地放在說話人身上。在他 9 個月大時，他就能說出完整的句子。後來他跟母親和保母講俄語，但是跟父親只用英語交談。唐納經常大聲朗讀故事給他的兒子聽，諾頓就靜靜地坐在父親的身邊，並且堅持要看著故事裡的字，就像在檢查父親用字的準確性。

諾頓在 3 歲時，就能說一口流利的英語和俄語，在詞彙上遠遠超出一般孩子，甚至已達到年輕成人的程度。當他開始上幼兒園的時候，已經可以毫不猶豫地閱讀英文。由於他與親生母親海陸相隔，所以他們主要是透過電話保持聯繫，每個月進行對談幫助他複習俄語。另外他還從一些舊的圖畫書習得充足的法語知識，這些書原本是他的祖母 Thérèse-Marie Thorp (née de Sèvres) 的，祖母是一位法國貴族，而他姑姑的名字德瑞莎就是據此來命名的。德瑞莎在安娜堡 (Ann Arbor) 就讀密西根大學且主修法國文學，她花了一年時間到法國巴黎進修，精進她的法語更趨完善。現在一有機會她就很高興跟任何人，甚至是跟年輕的初學者，一起說法語。

對於德瑞莎來說，音樂是她的生活核心要素。古典音樂是最特別的，但她也不完全獨衷於古典音樂。當她做日常瑣事或者到了晚上，總是喜歡聽收音機或播放四聲道的立體音響，她獨自看書或看電視時，也喜歡播放背景音樂。她是安娜堡巴洛克音樂協會的副主席，並且定期參加音樂會和其他的音樂活動。在她的學生時代，偶爾會出現在大學合唱團，但她覺得沒有必要以一個表演者的身分來體驗音樂。儘管諾頓是在這樣有利的音樂環境中長大，但是他對音樂從來都沒有展現出任何的興趣，更不必談演奏樂器了。他的姑姑雖然柔性地鼓勵他去上鋼琴課，但是對他並沒有產生效果。

德瑞莎的前戀人摩里斯偶爾會來，多半會留下來一起吃飯，但是不過夜。他們短暫的戀情已經成為過去式，現在感情純化成為沒有激情的真誠友伴，共同抵禦人生恆常的孤獨與寂寞。

德瑞莎很會做菜，是一個優秀的廚師。她的法國背景，讓她能夠輕易地把各種奇異的材料結合起來，做出令人驚訝的美味佳餚，她很高興能跟喜愛的摩里斯分享。這位年輕的律師雖然不是美食專家，但是他確實會欣賞精緻的餐點，尤其是那種異於典型美國風味的餐點。有一次，在吃過這種美好的晚餐後，第一個「事件」發生了，事後他們這麼稱呼著。

摩里斯 35 歲生日時，德瑞莎決定要為他做四道特別的中東料理來慶祝一番。午後下過一場大雨，把空氣冷卻下來，似深秋傍晚的寒氣逼人，餐桌設在房屋外頭，而大廚房跟庭院相鄰，德瑞莎在廚房裡再次表演她拿手的烹飪魔術。

當時不到五歲的諾頓已經吃飽了，洗過澡，道過晚安吻之後，上床睡覺了。此時德瑞莎與摩里斯坐下來享受異國情調的豐盛晚餐。開胃菜是各式各樣的美食，其中包括烤茄子、檸檬果泥、羊乳酪，加上五香辣椒和大蒜的調味，還有蕃茄燉肉加紅葡萄酒，再來是小麥餅(Burghul)以及添加羊肉和杏仁的馬鈴薯餅，接著是主菜：烤箭魚加檸檬和辣椒醬，還有抓米飯。

在用餐的過程中，葡萄酒一直供應不斷，甜點是在奶油和開心果淋上糖漿，接著是無花果。當時的心情輕鬆，桌面的四周圍環繞著燭光。

「所以，妳是在哪裡挖到那些具有異國情調與可壯陽的菜餚食譜呢？請妳不要告訴我，這是妳自己做出來的。」摩里斯是在挑逗她，通常在有點醉意時他就會這個樣子。

她回答說：「不，這一次不是我自己做的，我沒有添加任何奇怪的東西，而是在《一千零一夜》的書中找到的食譜。」她很高興地玩著此遊戲。

「拜託，在阿拉伯《一千零一夜》（或《天方夜譚》）的書中沒有食譜，只有女孩山魯佐德 (Scheherezade) 講的故事牽動著國王山魯亞爾 (Shahryar) 的好奇心，使得他暫時不想砍下她的頭來而已。」

「哦，是有的，在原來的波斯文版本，山魯佐德不僅告訴國王神話般的故事，她還煮最精緻的菜餚，讓他吃得高興。事實上，她得到拯救，不是因為她講的故事，而是她做的菜，那些食譜和一切故事都在波斯文的版本裡有提，但是在現代翻譯本中這些情節卻消失了。」

「妳是要我相信，妳可以讀得懂波斯文嗎？」

在星空下，現在院子裡幾乎完全黑了。在他們身後的廚房，燈光已接近熄滅的邊緣，只有桌上搖曳的燭光照亮了兩個快樂朋友之間的寒暄交流。他們可以聽見音樂，是鋼琴奏鳴曲之類的東西，從毗鄰半獨立式平房的院子傳來。

德瑞莎第一個意識到有某種東西不對勁，因為住在隔壁的老夫婦John與Ethel，他們出城去已經一星期了，下午她曾走過去，給植物澆水和檢查房子。而在周圍並沒有鄰居，所以應該是從她自己的房子傳來的音樂。她回想起，為了增進氣氛她播放阿拉伯音樂，但可攜式的唱機自動關閉了，而最令人感到困擾的部分是，她受過良好訓練的音樂耳朵，所聽到的並不是唱機的聲音，而是真正的鋼琴聲音。

當摩里斯終於趕上德瑞莎時，她站在客廳裡，擋住了他的部分視線，但在燈光照射之下，他仍然可以在後面的房間看出她的剪影。在靠近窗臺的一個角落裡，放著一臺大鋼琴，這是德瑞莎繼承自她母親的寶貝鋼琴。巨大的黑樂器具已經沉寂多年了，但是沒有被完全忽略，德瑞莎每隔兩週都要清潔一次，偶爾調調音，盡了妥善照顧的責任，這臺鋼琴對她母親曾經是多麼意義重大，如今卻是一個非常小的小孩在彈奏它。

「諾頓? 什麼……」德瑞莎驚訝得無法說完這句話，她試著決定哪一個感官是正確的: 聽覺或視覺? 諾頓坐在鋼琴椅上，身穿鮮豔的睡衣，他的腿太短搆不著踏板，在空中晃來晃去，而他的小手在鍵盤上飛奔，快速按下與放開琴鍵，技術高超確實如一位已成名的鋼琴家。聽著諾頓的精湛演出，德瑞莎和摩里斯只是站在那裡，一臉茫然，而且嚇呆了，德瑞莎的大腦認出，這是莫札特A大調鋼琴奏鳴曲K331的第三樂章，即俗稱的「土耳其進行曲」，由典型的斷弦來加強主要的拍音。

後來當他們談到這個「事件」時，對於到底事件持續了多久，他們的意見並不一致，但他們確實記得只曾見證: 兩個人沉默地、一動也不動地、不可置信地目睹整個虛幻的過程。他們還回顧了事件是如何結束的: 諾頓彈完鋼琴後，從椅子上爬下來，他的手扶著座位，光著小腳丫移到了地毯，拿起他丟棄在鋼琴附近的長頸鹿玩具，然後捲曲在地毯上，抱著絨毛玩伴最後睡著了。

德瑞莎經過多方思考與猶豫，與摩里斯討論，最後決定先不告訴唐納，至少要等到她可以解釋，那晚到底發生了什麼事情。但她緘默的真正原因是，她害怕跟諾頓分離，因為她的哥哥可能不希望繼續把兒子委託給容易產生夜間幻覺的人，只有天曉得有什麼玄奇的物質所造成的。

事件發生後的隔天，諾頓又回復到他一貫和善的自我，吃、玩以及一般表現，這些都十分正常。德瑞莎還故意播放莫札特的「土耳其進行曲」，確認諾頓在旁邊聽得到，但是男孩對音樂的反應一如平常，完全是一貫的冷漠。

他們對這個「事件」聯手努力要探究更多的解釋，但卻永遠都得不到答案。德瑞莎閱讀了大量有關願景、幻覺、超自然現象的資料和莫札特的傳記，還有其他嬰幼兒的天才事跡，她甚至深入探討擬科學以及關於奇門法術和巫術方面的神祕文獻，只差沒有問她教區的牧師：有才華的諾頓是否被某種邪靈控制？

在摩里斯這一方面，他也在進行自己的調查，他朝向人類大腦的複雜性和不可預測性來尋找生理或心理上的解釋。對於真正發生了什麼事情，也沒有挖掘到什麼東西。他曾經嘗試找精神科的醫師朋友來診斷，希望找到一些物理的線索，結果也都沒有成功。他還想到，讓小男孩在催眠的狀態下，直接詢問他，但是德瑞莎擔心這樣做可能會給孩子帶來不良的副作用。她一直認為，催眠術是一種精神的強姦，可能會永久改變被催眠者的個性。

事件發生後，經過兩年，德瑞莎和摩里斯對這件事的真正本質永遠停留在無知的狀態。這個無法解釋的事件已經成為他們共同的祕密，在時間沖淡之下，他們現在能夠以開玩笑的心情來面對它。
摩里斯說：

> **也許這就是我們說的一千零一夜。我們可能不小心編造了一些小精靈，讓妳期待諾頓彈鋼琴的願望能夠實現。**

德瑞莎答道：

> 至少你不會再責怪是我做的菜害諾頓變成那樣的，即使你已經決定不吃中東菜了。

他們都笑了。從那個特殊的夜晚之後，諾頓表現得再平凡不過了，於是他們也就不再提起這件事，事情總算告一段落。大約過了十年之後，當第二個「事件」再發生時，這種沒事的感覺才被粉碎。

第 *10* 章
隨機亂數

Geometry is knowledge of the eternally existent.
幾何學是有關於永恆存在者的知識。

The most beautiful solid is the sphere, and the most beautiful plane figure—the circle.
最美麗的立體是球，最美麗的平面圖形是圓。

—Pythagoras—

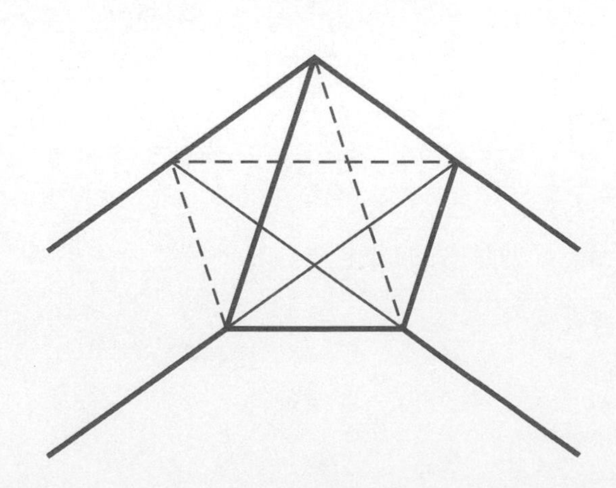

喬漢娜・戴維森 (Johanna Davidson) 對於**隨機性** (randomness) 的迷戀可以追溯到她修讀「初等機率論和統計學」這門課。她發現一個最弔詭的事實，那就是對於「隨機」(或「**機率**」) 的概念教師無法提供一個令人滿意的定義，即使像「**隨機變數**」和「**隨機抽樣**」這些理論的核心概念也是如此，後來她才知道，這並不是由於教師的知識不足，而是真的難以闡明，例如，什麼是由 0 和 1 組成的一個**隨機序列** (random sequence)，恰恰是箇中的難題。其實，這個問題歷史悠久，並沒有明確的答案。

有一個簡單的方法可以產生一串由 0 和 1 所組成的隨機序列，那就是重複丟一個公正的銅板 (coin)，然後寫下結果，出現正面寫 1，反面則寫 0。例如，經過 10 次的丟銅板，我們可以得到如下的序列：

$$0\,1\,0\,0\,1\,1\,0\,0\,1\,0$$

此二進位制數字是完全不可預測的：第 11 位數字出現 0 或 1 是同等的可能性，對於任何後續的數字也是如此。另一方面，若序列顯示出某種模式或規律性，例如

$$0\,1\,0\,1\,0\,1\,0\,1\,0\,1\cdots \text{或}\,0\,1\,1\,0\,1\,1\,1\,0\,0\,1\,0\,1\cdots$$

就不被認為是隨機的，因為我們可以預測下一位數字。第一個序列是 0 和 1 交錯出現。因此第 11 位數必是 0，第 12 位數是 1，依此類推。第二個序列是將 0, 1, 2, 3, 4, 5, ⋯ 以二進位法表示，逐次寫出來的。亦即 0, 1, 10, 11, 100, 101, ⋯ 等等，因此只要知道首 n 位數字，我們就可以說出第 $n+1$ 位數字是什麼。

關於 0 與 1 的二元序列有兩個基本的問題：

1. 如何決定它是否為隨機的？
2. 如何生成隨機序列？

要回答這兩個問題，變得越來越重要，因為今日普遍使用電腦來模擬複雜的現象，例如次原子粒子的交互作用、銀河星系的演化、一個核子反應爐發生故障的後果等等，這些都會涉及這兩個問題。這種模擬可能每分鐘需要數以百萬計的隨機亂數，並且隨機亂數要有可靠的來源，這對於最終結果的有效性至為重要。

1992 年喬治亞大學 (University of Georgia) 的物理學家 Alan Ferrenberg 與 David Landau，和來自 IBM 的 Joanna Wong，利用電腦模擬來研究某些材料的屬性，當溫度低於某個臨界值時，會突然進入磁化狀態。我們可以將一個層面上的原子用網格上的點來模擬，並且用兩種顏色來代表原子的磁矩定向（北向或南向，atom's magnetic moment orientation)。作模擬時，任意選取原子並且要決定它們是否應該留在原磁性狀態或切換到相反的磁性狀態。一個特定的原子改變磁性狀態的機率，取決於其周邊狀態和溫度。採用電腦程式來計算此機率，然後跟隨機亂數 0 或 1 作比較。如果隨機亂數大於此機率，則原子的狀態不變，否則它就改變成相反的狀態。

程式的工作進展似乎很順利，但有一個問題：對於材料磁性狀態的轉換，電腦的模擬一直都預測了錯誤的溫度。研究人員終於發現，問題出在新的隨機亂數的生成器 (random number generator)。這個生成器採用更先進的數學算則，所以運轉速度更快，目前已通過測試，表明它比標準的生成器所產生的隨機序列，應該更接近真正的隨機性。但是，他們發現，新生成器的表現其實更糟糕。

對於這種意外事件，喬漢娜在〈物理評論快報〉(Physical Review Letters) 上曾讀過一篇報告。大多數的模擬程式都要依賴隨機亂數的生成器，而隨機亂數的生成器可能隱藏著瑕疵，這跟她遇到的情況吻合。她是系統分析員，她的工作跟隨機亂數不直接相關，她處理的是網路安全問題，防止駭客入侵破壞與偷取資訊。但是由於隨機亂數生成器的編碼鍵，是以最安全的方式來保護加密的信息，因此終究可能跟模擬程式有關連。

她和 Alan 連絡上，得知其他科學家也曾為此事接觸過他，表達他們擔心自己的模擬有問題。Ferrenberg 說：「這是一個警訊，不幸的是，表面上高品質的隨機亂數生成器可能會在演算法上導致微妙而巨大的錯誤。」

Ferrenberg 和他的同事們的工作，主要是固態物理學的理論。但是，電腦模擬是可信的且例行地應用到各種領域和情況，產生的結果也具有實際的用途，遠遠超越實驗室。例如使用電腦模型來預測全球暖化的後果，預見龍捲風的力道與路徑，並且探討流行疫情的擴散；現在一臺超級電腦更經濟，先進的電腦程式可以模擬一個核子裝置的爆炸，這比實際的核子試驗更經濟且安全。

為了要把機運和不確定性置入物理現象之中，大多數的電腦模擬都依賴於自動生成的隨機亂數。利用大量的隨機亂數來模擬一個複雜系統的演變，最後結果的準確性可能直接依賴內置於電腦程式中的「隨機性」的品質。根據 Ferrenberg 的報告，更糟的情況是，隨機亂數生成器在測試時是正常的，但實際工作或長期運作下來卻不可靠，並且無法事先知道模擬的結果可能有的缺陷。歸根結底：什麼才是真正的隨機序列？我們要如何製造出一個來？

在 20 世紀的上半葉，數學家提出了幾種「隨機序列」的定義（參見附錄 II），但這些都沒有抓住概念的本質。最後在 1965 年，由一個年輕的瑞典數學家 Per Martin-Löf 想出一個似乎正確的巧妙定義。若將他的定義跟數學家柯爾莫哥洛夫 (A. N. Kolmogorov) 開發出的一個概念作連結，可以得到更佳的理解。在 20 世紀的 70 年代，柯爾莫哥洛夫將有限二元序列的「複雜性」(complexity) 定義為：**可以印出此序列的電腦程式之最短長度**。舉例來說，一百萬項的序列其複雜性非常小，因為只要用很短的程式，就可以印出來，例如，許多電腦程式語言這樣說：「對於 $i=1$ 到 1,000,000，印出 “i”。」這樣的程式可以看作是給定序列的一個「壓縮」版本。另一方面，含有 1,000,000 位元的序列，它的柯爾莫哥洛夫複雜度為 1,000,000，它是完全「不可壓縮的」

(incompressible)：沒有更簡短的方式可以描述，除非列出所有的一百萬位元。

如今，「隨機性」和「不可壓縮性」被證明是等價的概念，亦即**一個隨機亂數產生的二元無限數列，一定不可壓縮**。一個立即的實際推演是，沒有電腦程式可以生成一個真正意義上的二元隨機序列。理由很簡單：任何序列 s 的位元是執行電腦程式得來的，這自動為可壓縮，因此它就不是隨機的。由此可知，所有電腦程式的隨機亂數演算法，所得到的其實只是擬隨機的 (pseudo random)，這並不是單純起於數學家的智力不足，而是存在於「隨機性」的固有概念之中，一個本質上的障礙。

喬漢娜知道這一個理論上的障礙，但總覺應該可以克服。更令人費解的事實是，即使我們知道「幾乎所有」的二元序列是隨機的，但是卻沒有演算法或電腦程式可以產生一個隨機序列。隨機性無處不在，但卻捕捉不到！

喬漢娜知道，還有另一方面的現實，在量子力學的領域，隨機性是遍在的。在古典物理學中，受到決定論和因果關係的支配，而機率只是一個方便之門，用來彌補因果管轄不到的地方，即使丟銅板是隨機的，但原則上是可以預測的：如果我們知道所有涉及的變量以及它們的初始條件，那麼銅板的最終位置可以由運動方程式完全確定。然而，在量子世界中，事件的發生是隨機的，但機率是內秉的 (intrinsic)，不再是因為不完整知識所導致的一種權宜之計。原子在一個激發狀態的衰變，其背後沒有「原因」，而只有機運；若有「法則」掌控過程，那也只是表示在某些特定時刻事件發生的機率。這就是馬克斯・玻恩 (Max Born) 在 1920 年代提出的想法，它受到無數次實驗的完全證實，但在當時被愛因斯坦拒絕。愛因斯坦在寫給玻恩的一封信中說，量子力學非常壯麗，但他深信上帝不是用丟擲骰子來決定這個世界。

在 1998 年 2 月一個酷寒的早晨，喬漢娜・戴維森早上醒來時有點輕度頭痛。幾分鐘過去後，她才不情願地爬下床，拉起窗簾，看著窗外。自從前天波士頓 (Boston) 地區開始下雪，到現在雪仍穩定地下著，讓這座城市半埋在柔軟的白色布幔裡。下面的街道滿地是雪，交通幾乎無法動彈，但行人仍艱難地走在積了 15 吋深雪的人行道上。

喬漢娜獨自一人住在波士頓熱鬧的後灣區 (Back Bay)，只有一個臥房的公寓二樓，這是一棟百年的褐色石頭建築。有一間寬敞的廚房，廚房的磚牆外露，與設備齊全的浴室，一間超大的客廳包含了其他的使用單位。

她早晨的頭痛可能是前一晚飲酒稍微過量的結果，當然也可能是暴風雪使得她與 Kevin 在晚上無法外出，約會突然終止，讓期待中的一個親密關係觸礁。

喬漢娜正處在 34 歲的盛年。她有曼妙的身材，中等的身高，捲曲的棕色頭髮，擁有秀氣的鼻子和迷人的灰色眼睛，以及明亮且智性的臉龐。在專業上，她是一個成功的電腦顧問，因為出差的關係讓她可以四處旅行，也沒有經濟上的憂慮，但她的感情生活在「谷底」的時間卻遠大於在「山頂」。她並不是真的很期待結婚和建立家庭。然而她不一定要追尋婚姻，她寧願婚姻是由自己決定的，而不是因為缺乏一個合適的伴侶，而被迫選擇婚姻。

她洗完澡，手持一碗麥片，加入大量的牛奶，並且走進客廳。寬敞的客廳中一大半被當作辦公室。客廳的家具包括一個古老的橡木辦公桌，兩個文件櫃，和一個巨大的書櫃，裡面裝滿著書籍。一張又大又堅固的桌子，沿著一面牆邊擺置，上面放著兩臺有寬大螢幕的電腦，一臺筆記型電腦，一臺印表機，以及其他各種周邊設備。

她在其中一臺電腦前坐了下來，登入電腦裡，查看她曾經處理過的電子布告欄相關病毒警示，她想要看看電腦是否仍然可以正常的運作。有好幾次她發現駭客設法將系統關閉，但今天早上，網站工作順利進行；她增加了額外的保護，阻止駭客入侵。接著，她檢查她的電子郵件，有五則新的訊息，但是沒有一則是 Kevin 寄來的。當她看到安德魯・安迪・史東 (Andrew Andy Stone) 寄來的訊息，她的臉上立即亮了起來。安德魯・史東是她從前博士論文的指導教授和終身導師，但他希望大家都叫他安迪 (Andy)。目前他是蒙特婁 (Montreal) 的麥基爾大學 (McGill University) 電腦科學的退休教授，但他仍然如往常那樣活躍，卸除了教學和行政職務後，現在他從另外的層面散發出，看起來是取之不盡、用之不竭的能量。

她打開信件，讀到如下的文字：

> 嗨，喬！這時候妳在哪裡？我想妳會有興趣知道，諾頓・索樸 (Norton Thorp) 已經接受了我的邀請，要來我們共同的數學與電腦學會作專題演講。希望在演講會上能夠看到妳。摯愛的安迪留言。詳細的時間與地點隨後附上。

當然，她很感興趣。數學家諾頓・索樸無需多作介紹，倒是喬漢娜很好奇安迪是如何邀請到這位科學巨星到麥基爾來作演講，她想到，也許是安迪具有相當高明的說服力。可以肯定的是，這所大學具有良好的聲譽，在北美洲的數學系中可能躋身前 20 名之內。因為索樸是享譽國際的有地位的知名人物，所以世界各地的大學、研究機構與科學實驗室都爭相禮聘他。他接到各地的演講邀約、主持會議、或提供開幕致詞，更不用提參與學生的口試、在電視上露面，這些活動有如眾多的垃圾郵件般排山倒海而來，轟炸著他。然而，出乎所有合理的預期之外，索樸居然決定接受安迪的邀請，願意排除萬難到蒙特婁來演講。

喬漢娜不想錯過機會，想要聽他的演講，也許可以學到一兩件有關於隨機亂數的生成方法。像其他許多人一樣，這也是索樸具有重大貢獻的領域。

她的思緒飄向她的雙胞胎哥哥朱爾 (Jule)，他也是一位數學家。最近她經常想到他，不是說她真的很擔心他，而是朱爾一直以來的行徑怪異，他離開了大學，到芝加哥 (Chicago) 去從事他所謂的「特殊任務」。起初，他避談他的任務性質，但最後在喬漢娜的堅持下，他告訴她真相，她得知詳情後簡直不敢相信，她認為這整件事太瘋狂了。

第 11 章
到處都是隨機

Above the cloud with its shadow is the star with its light.
Above all things reverence thyself.

在雲端及其陰影之上是星辰及其光芒。

在萬事之上敬重你自己。

—Pythagoras—

麥基爾大學的主校園位於蒙特婁市中心的皇家 (Royal) 山腳下，它是這個城市的主要地標，大門以半圓形的石頭和鐵鑄成的，進去的右側是一棟水泥建築叫做 Burnside 館，而數學系和統計學系就在館內。

在 1998 年 4 月中旬的某日下午兩點時，陽光正明媚，在 Burnside 館的演講廳幾乎座無虛席。演講者是諾頓・索樸 (Norton Thorp)，他的名氣吸引了許多聽眾來聽這一場數學演講。題目是：

隨機性是數學的核心 (Randomness at the Heart of Mathematics)

這場演講激起本地和外地的數學家和計算機科學家的興趣，他們猜測諾頓・索樸可能會宣布他在隨機亂數 (random numbers) 生成上的一大突破，這是在電腦模擬真實世界現象的一個重大論題。

當安迪・史東 (Andy Stone) 走到講臺上，準備介紹這位不需多作介紹的演講者時，座位與站立的空間都已被擠滿了。喬漢娜・戴維森坐在第一排，她提早入場是希望安迪 (Andy) 把她介紹給索樸，這樣她就可以請他在他最近出版的一本傳記《一位天才的生活》上簽名，但是她的老師安迪忙著找尋聽眾中的 VIP 賓客，而顯然她不是其中一員。

諾頓・索樸是一位高明的演講者，他知道如何組織他的演講，以及引起聽眾的興趣。他會從一些有趣的軼事或巧妙的故事作為開場白，然後逐步增加技術上的難度。當到達演講高峰時，內容是只有少數人能聽得懂的深刻的新公式或新定理，但是他迅速就從這些概念的高峰降下來，用簡單的語言給予一般性的注解，也總結新結果的意義，並且經常伴隨著哲學觀點的詮釋，使得每個人都可以欣賞。

當索樸走向在舞臺的講臺時，掌聲持續不斷。他感謝主辦單位，特別是安德魯・史東 (Andrew Stone) 的邀請，並且提到他來到蒙特婁是多麼高興的事，因為這是「在北美地區融合法國和英國獨特文化的唯一城市」，接著他才開始進入正式的演講：

用電腦做算術問題是超級的快，例如計算 500 個數相加，電腦可以輕易地擊敗人類的大腦，但是如何計算無限多個數相加呢？讓我告訴你一個小故事。

假設我們要計算所有奇數的倒數交錯相加與相減的結果，如下式，這含有無限多個的操作，對電腦就是一項困難。

$$\frac{1}{1}-\frac{1}{3}+\frac{1}{5}-\frac{1}{7}+\frac{1}{9}-\frac{1}{11}+\frac{1}{13}-\frac{1}{15}+\cdots$$

這些在眼前螢幕上加減的數，叫做交錯級數 (alternating series)。

索樸繼續說：

我們可以用電腦做計算，但經過數千年與不計其數的操作後，機器仍然不停地在試著計算出最終的答案，當然那時我們已經都不存在了。

聽眾席傳來了笑聲，索樸等候靜下來，又說：

好了，讓我們公平的對待機器，並且承認電腦已經找到了有限多項和的答案，但只是部分和或近似值。

在 1671 年，第一臺計算機出現之前的幾個世紀，蘇格蘭數學家 James Gregory 證明：這個無限運算後的精確答案是 $\frac{\pi}{4}$。這個結果同時將初等算術與初等幾何作美麗與迷人的連結。前者研究整數的四則運算；後者研究圓周除以直徑，諸如此類的問題。這個故事的寓意是什麼呢？數十億個數相加，機器可以勝任，但是要計算無限多個數的總和卻必須動用人類的大腦。

他敲打筆記型電腦的一個鍵，立即在螢幕上出現演講的題目：

隨機性是數學的核心!

接著，他的演講就改換跑道了。
索樸說：

機率論是人類發明來處理隨機現象的最好工具，所謂隨機現象就是指涉及說不準的機運現象。最簡單的隨機現象例子就是丟一個「公正的銅板」，它可能出現的結果是「正面」或「反面」。如果我們不斷地丟此銅板並且記錄下逐次的結果，正面記為1，反面記為0，最終將得到由0與1所組成的一個序列，例如(0001101101…)。透過這種方式得到的所有序列都是隨機序列。這表示序列是單獨由機運決定，而不是由任何先定的規則所決定。

介紹過這些基本概念之後，他回顧了數學家所嘗試的各種方法，用來決定什麼是由0與1所組成的一個隨機序列。他也回顧了用電腦來生成擬隨機序列的最有效的算則。
索樸又說：

一個真正的隨機序列是完全不可預測的，它不遵循任何規律；不只是我們不夠聰明來認出它的規則或模式，而是根本就沒有規則，在這個意義上真正的隨機性，跟絕對的混亂沒有區別，正是因為完全沒有規則或沒有結構，所以一個真正的隨機序列是無法描述的，除非寫下整個序列。

但是，偶然性有多普遍呢？要回答這個問題，首先我們需要繞道，透過計算的理論來進行。

一位相貌堂堂的年輕男子陷入沉思的模樣，出現在螢幕上，索樸繼續說：

在 1935 年的夏天，劍橋大學有一個年輕的研究生思考一個數學基礎的問題，他提出了理想電腦的概念，它可以模仿任何計算的機器。這位年輕的研究生叫做圖靈 (Alan Turing)，他是絕頂聰穎的英國數學家，在二次大戰期間，破解了德國的 Enigma 密碼，因而被尊稱為現代電腦之父，他的理想電腦被尊稱為圖靈機器 (Turing machine)。

因為在圖靈的心目中，理想的機器至少要強大到如同真實的電腦，只要圖靈機器無法做的事情，就沒有任何一臺現在或將來的真實電腦可以做得到。如同圖靈所示的，其中一個問題是，他的理想電腦無法解決涉及電腦軟體的自動檢查，也就是事先要確定：是否有任何的電腦程式在執行時，最終將會停止其計算並且停機，或注定要永遠運算下去，這就是所謂的停機問題 (halting problem)。

許多年之後，從 20 世紀的 70 年代開始，在 IBM 工作的數學家 Gregory Chaitin，對於停機問題產生了新的興趣，他考慮可以在圖靈機器上跑的所有程式，並且提出下面問題：任意選取一個程式，它會停止的機率是多少？他發現，答案是一個數，他稱為 Omega (O)。這個數的二進位小數展開，各個數字形成一個真正的隨機序列，意指它們沒有模式或無任何結構。Chaitin 把 O 描述為由 0 和 1 組成的序列，其中每個數字就如同丟一個銅板的結果，跟其前與其後的結果都無關。他把 O 當作一個絕佳的例子：在數學上是不可計算的，因此是不可知的。

但是，Chaitin 並沒有停止下來，他開始尋找隨機性在數學中可能會突然出現的地方，他發現在最基本的數論中它出現了。但是，如果隨機性出現在數學的最基本的層次，那麼他的預感是，它必須是無處不在，隨機性是數學的真正基礎。引用 Chaitin 自己的話來說：「上帝不只是在物理中丟骰子，在純數學中亦然。有時數學真理不過就是丟一個公正的銅板。」

Chaitin 的話成立嗎？多年來，這仍然是一個未解決的問題，但是最近柏克萊大學兩位數學家的成果，具有正面的加強作用，亦即隨機性或不可預測性 (unpredictability) 在數學中是普遍存在的，正如同它先前在理論物理學中所扮演的角色。

他停頓了一下，並且面對聽眾，每雙眼睛都盯著他。講堂寂靜得如此徹底，使人可以聽到在頭頂上投影機的散熱風扇所發出的噪音。經過了約 10 秒鐘，索樸重新又以莊嚴且合宜的口吻繼續演講：

現在我找到了一個無可辯駁的證明，如 Chaitin 的發現，隨機性是數學的核心。他宣布，這一結果的影響是深遠的。這意味著，我們也許能夠證明一些定理，回答一些問題，但絕大多數的數學問題，在本質上是不可解的。如我的一位同事所說的那樣，這表示只有少數幾個位元的數學可以互相推演，但是在大多數數學的情境，這些互相連結是不存在的，因為數學充滿著偶然與無法理清的真理。而且，如果你不能作連結，那麼你就無法解決或證明東西。打個比方來說，在不可判定的命題所形成的廣闊大海中，可解的問題彷彿只是海中的一個小島。

當他說出最後的幾句話，在螢幕上秀出一張鳥瞰圖，畫出一個島嶼並且寫上「可解問題」。慢慢地，鏡頭開始拉遠，環繞島嶼的水越來越多，越廣大，水上刻有「無法解決的問題」的字樣，隨著水域不斷增廣，漂浮在其中的島嶼也逐漸縮小，乃至消失不見。

接下來的 30 分鐘，索樸提出他的證明：寫滿公式與方程式的投影片，一張張不間斷的放映，伴隨著演講者的評論和解釋，精湛地呈現出高等數學。這是一場智慧的表演，展示人類為了追求理解所創造出的抽象知識。

索樸:

完整的證明將出現在〈數學與計算年刊〉
(Annals of Mathematics and Computing) 的數學雜誌上。

他幾乎以歉意來宣布這句話，好像認知到，從他難免粗略的論述裡，聽眾中很少有人能理解所有的複雜性。然後，關於他的發現對其他領域的影響，他補充了一些註解，特別是物理學，在建構物理理論時完全依賴於數學。最後他提出富有哲學意涵的評註作為結論:

我們的老朋友畢達哥拉斯認為，他已經發現了宇宙的奧祕，
那就是:

數統治著一個有秩序且亙古不變的世界。

他教導我們:

萬有皆數 (*All is number*)。

所以如果一個人能解開數的奧祕，那麼他就能理解宇宙萬有的一切。但是如果他知道數背後的秘密是堅不可摧的，而這由數組成的世界更是充滿著混沌和不確定性，他很有可能會選擇重回他的墓中長眠。

經過幾分鐘的完全靜默，好像聽眾是在向下面這種樂觀的想法致敬:

大多數——如果不是全部——的數學問題都可以得到解決。

然後全場起立，響起了的鼓掌聲。

當掌聲平息時，安迪・史東感謝演講者「與我們分享他劃時代的發現」，然後宣布:「索樸教授會很樂意接受聽眾的提問。」

喬漢娜繼續留在蒙特婁並待在在學生時代的好朋友家過夜，這個朋友是一位有三個孩子的全職母親。

第二天早上，經過漫長的車程，她回到波士頓。索樸演講的結尾對畢達哥拉斯所作的評註又回到她的心中，此時她才察覺到，朱爾(Jule) 的「特殊任務」也跟畢達哥拉斯有關，這是如此巧合。

第 *12* 章
一位數學家的失蹤

If there be light, then there is darkness; if cold, heat;
if height, depth; if solid, fluid; if hard, soft; if rough, smooth;
if calm, tempest; if prosperity, adversity; if life, death.

有光就有黑暗；有冷就有熱；有山高就有海深；
有固體就有流體；有硬就有軟；有粗糙就有平滑；
有寧靜就有暴風雨；有順境就有逆境；有生就有死。

—Pythagoras—

1998 年 5 月 8 日（星期五）各大報紙的頭條新聞：

著名的數學家失蹤！

美國著名的數學家諾頓・索樸 (Norton Thorp) 下落不明! 他在數學和人工智慧方面都有開創性的成就，聞名國際。他公寓大樓的看門人 Frank Martino 先生，大約在昨天中午時分，見到他最後一面。Martino 根據在大樓前熱烈討論的兩位目擊者的說法，向警方透露：有兩個人強迫諾頓先生進入汽車中。他並且向警方描述了車子的概況與歹徒的形貌。

諾頓先生並沒有按行程出現在 IBM 位於紐約州約克城高地 (Yorktown Heights) 的華生研究中心 (Thomas J. Watson Research Center) 作他既定的演講。直到下午我們發布新聞時，他仍然沒有回到他在曼哈頓 (Manhattan) 的住所，也沒有跟家人聯絡。

截至目前為止，即使諾頓的家人沒有接到談判贖金的信息，也沒有接到歹徒的電話，警方正視此為綁架案來處理這個重大事件。

第 *III* 篇
新畢達哥拉斯教派

關於畢氏素食思想的論述

首先他提出如下的假設:

1. 靈魂不朽。
2. 靈魂在動物之間互相轉世。
3. 事情繞著圓圈週期地發生, 所以天底下沒有絕對的新事物。
4. 所有的動物都屬於同一家族。

他的論述:

肉食者殺害的動物可能是自己祖先的靈魂轉世的, 所以吃動物的肉, 可能會吃到自己的親人。其次, 只要人們繼續粗魯地毀滅低等動物, 他將永遠不知道健康與和平。只要人們會屠殺動物, 他們就會互相殘殺。事實上, 播種殘殺與痛苦的種子, 無法收穫歡樂與愛。因此, 人要奉行素食主義, 講究靈修。靈魂是全能全知的, 但是落入肉體後, 會受到肉體的蒙蔽, 變成不是全知, 甚至是無知。研究四藝: 算術 (即數論)、音樂、幾何學與天文學是最佳的靈修之路, 可以淨化靈魂, 使其恢復或趨近於全知。

第 13 章
命　令

他們擔心哲學的美名完全從人類文明之中滅絕。他們的解釋是，因為招惹了神，導致神的憤怒才遭受這麼大的滅亡，於是他們編著了一些備忘錄與符號，收集了更古老的畢達哥拉斯學派的著作，以及他們記憶所及的諸如此類的事情。在他們死後就依靠兒子、女兒、或妻子來傳承，加上嚴格的禁令——不可洩漏給他們家庭之外的任何人。如此這般地進行了一段時間，一代傳一代，遺物就傳承到後代的手上。

—Iamblichus—

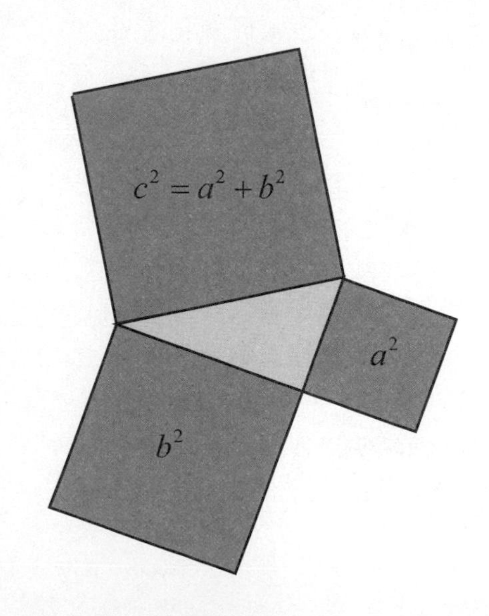

從克羅頓傳來悲慘的消息，簡直讓 Archippus 傻眼。在種滿數百棵橄欖樹的小山丘上，他一動也不動地坐在一棵橄欖樹下，俯瞰著壯麗的海港和遠方的海灣。所有的精力似乎已經從他的身體消失殆盡，而他的左手遮蓋著臉，另一手仍持著僕人剛遞送來的紙草書卷。

Archippus 是一位數學家 (mathematiko)，屬於畢達哥拉斯的內圈弟子。他來到他的出生地 Tarentum，是大希臘地區的主要城市之一。他因為參與一些家族事務，所以一直待在他母親的住處，比預期的時間更長。他現在開始意識到，他延遲回到克羅頓的兄弟會可能救了他的生命。

李希斯是 Archippus 最親密的朋友之一，他從克羅頓寄來一封信，信中帶來「最悲慘的消息」：數學教主已經被殺害了。他以顫抖的手寫這封信，希望在 Archippus 回克羅頓之前能夠收到此信。李希斯也曾寫信給他的朋友，述說畢達哥拉斯慘死的消息。正如李希斯所擔心的，Cylon 派人對畢氏兄弟會進行報復性的小人攻擊。當 Cylon 的爪牙放火燒掉建築物時，畢達哥拉斯學派正在裡面舉行大會，為了讓教主逃出來，弟子們投身火海，讓身體搭成一座橋，但外面的暴徒卻堵住了大門，那些困在房子裡面的人，即使迫使打開大門，但是許多人都已經燒傷或窒息而死，不幸地教主也是其中之一。

之前，在李希斯過於真實的夢境裡，他已經目睹了火焰、赤熱以及尖叫聲。除了他和 Dimachus 之外，還有多少人設法逃生呢？他並不知道，所有他知道的只是，他仍然處於危險之中，因為他相信直到消滅了整個兄弟會為止，Cylon 不會停止追殺。

他只帶了幾件物品就匆匆離開了這座城市。他寫道：

> 我正在前往底比斯 (Thebes) 的路途上。教主信任我，委託我帶著他自己最珍貴的手寫文件。我不能透露理由，這個紙草書卷必須不惜一切代價加以保護，為達此目的，我需要你的幫助。

信末還承諾會盡快再寫信，並且呼籲他的朋友不要返回克羅頓，而要跟他一起至底比斯會合。

當 Archippus 站了起來，開始走回房子時，他看見太陽在小山後快速沉落，落日餘輝照在橄欖樹的上方，映現出火紅的美景。他將生命的最美好的部分都獻給了畢氏兄弟會，因此他幾乎無法想像沒有兄弟會的未來。而教主的教誨和奇妙的發現將永遠被撲滅，這是他最不能接受的事情。

李希斯還提到教主交代了一個文件，也許教主已經預知到自己的死亡，所以留下如何保存他學說的指令。Archippus 下定決心：他會去底比斯跟李希斯會合。**哲學的美名不允許滅亡。**

第 14 章
燈　塔

Some are slaves of ambition or money, but others are interested in understanding life itself. These give themselves the name of philosophers (lovers of wisdom), and they value the contemplation and discovery of nature beyond all other pursuits.

有些人是企圖心或金錢的奴隸，但是也有其他人志在於了解生命本身。後者這些人給自己取名字叫做哲學家（愛好智慧的人），他們珍惜沉思與發現自然的奧密，視為比任何其它的追求更具有價值。

—Pythagoras—

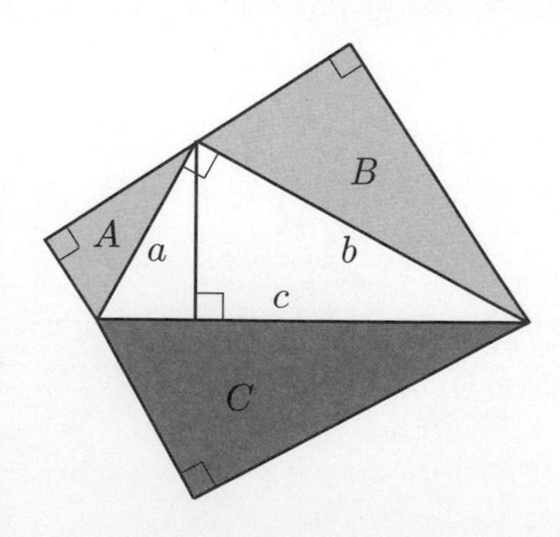

在 1998 年 1 月初，一個異常溫暖的夜晚，當格里格瑞・特蘭奇 (Gregory J. Trench) 醫師結束了電話交談後，他帶著一個滿足的微笑。他是一位 44 歲的醫師，他跟朋友李奧納多・瑞西特 (Leonard Richter) 通了電話，並傳遞一則訊息：現在團隊已經招募完成了，這裡提到的「探索團隊」與他的醫療培訓無關，而是和他的宗教信仰有關。我們要了解整個狀況，就必須講述他為何從天主教轉變為信仰神祕教派的故事。

格里格瑞醫師來自一個天主教的家庭，是第二代的愛爾蘭移民。他的祖父托比亞斯 (Tobias Trench) 在 1908 年從都柏林來到美國芝加哥定居，在那裡開了一間小印刷廠，專門從事印製宗教文學作品的工作。在 1954 年格里格瑞出生的時候，他的父親西奧多 (Theodore) 經營著印刷廠的業務，如今也兼營了一家書店：「燈塔」(The Beacon)。書店位在地下室，是由住宅改裝而成。書店內除了販售宗教出版品之外，還有大量相關主題的書籍，包括歷史和哲學，甚至占星術和神祕主義。

西奧多和美籍妻子瑪麗 (Mary Ann) 兩人都信奉羅馬天主教，但是西奧多並不特別虔誠，不像女人那樣謹守儀式和戒律。他實踐宗教的方式，似乎是建立在傳統上而不是在信念上面。即使這對夫婦的兩雙兒女都已經受洗，但是父親不願意將天主教的信仰強加於孩子身上。他對不滿與失望的瑪麗說：

> 我不灌輸我們的孩子教條。造物主給我們大腦，為什麼我們不去使用它呢？孩子們應該有足夠的智慧可以找到自己的道路。

他不但不向孩子灌輸教條，還鼓勵他的後代，要警惕那些在宗教或俗務上鼓吹「最後和絕對真理」的說法，並且要以開放的心靈來面對宗教，更要相信自己的判斷能力。

從格里格瑞幼年時期開始，就特別能夠接受父親的教導。他是一個書痴，就近把周圍書架上的書籍讀遍，並且利用當地公共圖書館，閱讀他父親書店所沒有的書籍，特別是小說和科學讀物。

在特蘭奇家庭的四個孩子中，只有格里格瑞一個人就讀大學，他在 1979 年以班上名列前茅的優異成績，從西北大學醫學院畢業。接下來的 15 年，他成為優秀的年輕醫師，生活在一個富裕的社會，步上預期中的美滿前程：他完成實習醫師以及骨科醫師的專業訓練之後，就進入了一家私人的診所，並且和泰瑞 (Terry Blum) 結婚。泰瑞是會計師兼財務顧問，在 Evanston 高級郊區買了一棟豪華的別墅，正好位在芝加哥的北部。特蘭奇醫師的醫療事業蓬勃地發展，又加上在泰瑞的幫助下，做了一些精明的投資決策，因此過不了多久，夫婦兩人就成為千萬富豪。

在這段輝煌的年代，儘管他們富有，但夫妻兩人卻過著相當平凡的生活。他們沒有孩子，也沒有參與太多的社交，工作是他們最喜歡的活動和消遣，只有偶爾去度假或舉行家族聚會。至於宗教問題，他們都不再去實踐各自父母的信仰——泰瑞來自一個猶太家庭，也不參與其他的信仰活動。但這並不是說，格里格瑞已對精神或宗教方面的問題漠不關心。事實上，他並沒有失去閱讀這些題材的胃口，但是對於論題變得更加挑剔；同時也發展出他對宗教史的濃厚興趣。

他定期參與網路的一個線上論壇 “The Crucible”，討論歷史、心理學、哲學、宗教的問題，這是由加拿大聖公會一位牧師 Peter Graham 發起的。他創建論壇的主要動機是要反擊宗教的不容忍，並且增進不同信仰者之間的理解，以促進所有宗教的和解為最終目標。他夢想著這樣一個世界：在這裡沒有人會為哪一種宗教才是「真正」的宗教而爭論，不會產生無益的或分裂的戰鬥。在一個自由的世界裡，各種宗教信仰的信徒都應互相尊重，不論是佛陀、摩西、耶穌、穆罕默德或 Nanak 教派，這些宗教領袖的教誨和傳遞的信息，都應該享有同樣的尊榮。

所有教派的人，加上無神論者、懷疑論者、不可知論者(agnostic)，還有不可避免的各種怪人，都登入過這個論壇。有人失望和悲觀，也有人充滿著希望和慈悲，但所有人都各自提出他們的意見和建議，所涉及的論題既廣泛又多元，但是皆以「上帝」和「宗教」的概念為主軸來貫穿。

有些人會利用論壇來挑釁和攻擊宗教信仰：

考慮 (a)「我的宗教禁止我殺牛（或吃牛肉，或……）」以及 (b)「我的良心不允許我殺牛（或吃牛肉，或……）」。那麼是否因為 (a) 提到「宗教」，所以比 (b) 更加可敬？如果「宗教」信仰與「非宗教」信仰兩者都被貫徹並真誠地奉行，那麼它們的區別在哪裡呢？如果一個人相信外星人曾經來訪問過地球或美國人從來沒有登陸過月球，又一個人相信有天使或死後會上天堂（或下地獄），為什麼前者的信仰比較不重要呢？

有些信念若牽扯到所謂的「宗教」字眼，就要求給予特殊待遇、特權或財務上的優惠，這既不公平而且根本是一種歧視。何時「宗教」和「非宗教」信仰之間的人為區分才能夠中止，何時所有信徒的權利都同樣受到尊重呢？

另外有一些人則主張，應如「印度之歌」(Song of the Hindu) 所倡導的，對不同的宗教活動採取寬容的態度，這首詩歌是西元前 5000 年左右印度部落的首領 Karkarta Bharat 所寫的，經過幾千年，這個透過口耳相傳的傳統，已被寫成書面的吠陀經 (Vedas)：

1. 每個人都有他自己的墊腳石來達到至高無上的唯一 (One-Supreme)，……
2. 誰都無法收回神的恩典，即使是那些選擇背棄神的恩典的人也一樣。
3. 只要他們的行為保持純潔，那麼不論他們所崇拜的偶像或禮敬的圖像是什麼，都無關緊要。

4. 信仰不能採用強迫的方式，每個人必須能自由地選擇路徑通往他的神。
5. 一個印度人可能因為崇拜火神 (Agni)，而忽略所有其他的神，難道我們就否認他是一個印度人嗎?
6. 另外有人選擇他的偶像以敬拜神，難道我們就否認他是一個印度人嗎?
7. 復次，又有人發現神無所不在，但是不在任何圖像或偶像之中，他就不是一個印度人嗎?
8. 救贖怎麼可以局限在神的性質與對神的崇拜儀式，只用單一觀點的詮釋呢?
9. 難道神不是具有普世愛的神嗎?

吠陀經裡的真諦呼應了 Graham 牧師的訴求：反對武斷的教條，阻礙 7000 年來對自由崇拜的苦求。兩者的觀點經過千年的歲月能再度交集，有時候想想，的確令人震驚。

在 1994 年晚春的一個晚上，有個叫做 Tom Riley 的人貼出一篇文章，吸引了特蘭奇的眼睛。這則貼文宣揚新畢達哥拉斯主義 (Neo-Pythagoreanism) 的優點，這是一個古老融合型的宗教——融合不同的宗教和哲學信仰，主要是**尋求用數及其算術關係來解釋這個世界**。Riley 的文章寫道：

> 新畢達哥拉斯主義的起源，可以追溯到一個哲學學派的理念，建基於古希臘著名哲學家、數學家畢達哥拉斯的思想與教誨上，在西元 1 世紀時興盛於古埃及的亞歷山卓 (Alexandria)。對於新畢達哥拉斯學派來說，數 1 或單子 (One or Monad) 表示統合的原則、個別性、相等性以及宇宙的守恆，從而導致世界的持久不變。接著是數 2 或一雙 (Two or Dyad)，標誌著多樣性和不等之中的對偶原則，萬有可分割或可變易，在某

個時刻是一種形式，另一時刻又是另一種形式。類似的理由也適用於其它的數。

數可以排成幾何的形狀，其中最完美的是「10 的四元說」(Tetraktys)，它是由首四個數 1, 2, 3, 4 組成的，用 10 個點排成一個等邊三角形，其中的三個邊都代表 4。參見下圖。

在這個脈絡之下，1 代表點，2 代表線，3 代表面，以及 4 代表體（四面體），這是第一個三維的圖形。

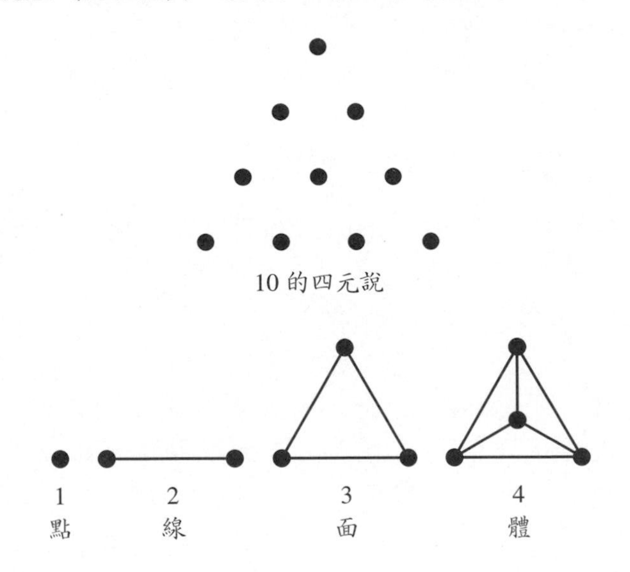

因此，從空間領域來看，Tetraktys 代表零維的點與第一個三維物體的接續性之連結；而在音樂的領域裡，Tetraktys 包含著和諧音階的數學比例：1:2 是八度；2:3 是完全的五度；3:4 是完全的四度。這些比例表現為接續兩圖的線段。對於新畢達哥拉斯學派來說，Tetraktys 完美地象徵著宇宙中音樂與數值規律的秩序。

文章中解釋說,新畢達哥拉斯學派視靈魂和肉體具有根本的區別。他們的宗教是一種純粹的沉思冥想,他們尋求和諧、智慧和了解自己,不關心皈依或改變世界。Riley 寫道:

在這個意義上,新畢達哥拉斯主義先天上就是一種和平與寬容的宗教,並且尊重其他的信仰或信念。

神是信徒在精神上崇拜的對象並且以趨向善為旨趣,而不在乎外在的行動。靈魂必須以禁慾的生活方式從物質的束縛中解放。肉體上的快感和感官的衝動都有害於精神的純潔,所以都必須拋棄。Riley 總結道:

古老的畢達哥拉斯學派宣揚素食的美德,反對殺害動物與吃動物的肉。目前人類社會素食主義的興趣以及對動物的人道態度,都根源於畢達哥拉斯的教導。伏爾泰 (Voltaire) 把畢達哥拉斯主義描述為「世界上唯一的宗教」,能夠使恐怖的謀殺化成慈悲和宗教情懷。事實上,大約在 1842 年左右,在「素食主義者」這一詞創造出來之前,「畢氏學派」(Pythagorean) 是通稱那些放棄吃肉的人。

神祕的新畢達哥拉斯學派觸動著特蘭奇的心弦,他想了解更多關於他們古老的宗教儀式和原則。從學術文章到不同的百科全書條目,他找尋各種來源的「新畢達哥拉斯主義」的資料來研讀,但是它們基本上都重複述說著同一件事。

我們對這個學派的成員知道得並不多。新畢達哥拉斯學派除了畢達哥拉斯本人之外,沒有傳道士或其他的領袖,但是出自崇敬之情,他從未被指名。他們稱他為「這個人」(the Man) 或是「發明 Tetraktys 的人」。一群羅馬貴族在西元 1 世紀創立新畢達哥拉斯學派的一個教派,他們確實奉行保密的原則,於是流入地下組織來實踐自己的信仰。他們建立了一

個地下教堂，遺址在 1917 年被發現，如今成為羅馬的歷史中心。羅馬教派在 3 世紀消失，但是在歷史上眾所周知，在不同時間和不同地點都存在著類似的宗教團體。

特蘭奇大量搜索文章來研讀，但結果完全不滿意，所以他寄電子信件給 Riley，詢問他在美國是否有新畢達哥拉斯主義的教派。他懷疑此人可能就是新畢達哥拉斯主義的成員。幾天後，Riley 給予不確定的簡短回應：「這不是不可能，我怎麼會知道呢？這些人都是很神祕的，你為什麼要問呢？」這個問題問得好。特蘭奇不確知答案，或許他不想承認自己對神祕的畢達哥拉斯和他的追隨者有興趣，而且是越來越迷戀了。在隨後的幾個月裡，他讀了所有他能弄到手的前蘇格拉底哲學，以及早期畢達哥拉斯學派的文獻，最重要的是畢達哥拉斯的生活。

在 1994 年的秋天，特蘭奇寧靜與幸福的生活突然被粉碎了。有一天晚上，泰瑞慢跑完步行回家時，被一輛闖紅燈的汽車撞到。特蘭奇趕到醫院，她一直沒有恢復意識，兩小時後被宣告死亡，他傷心欲絕地守在她的床邊。

葬禮結束後，特蘭奇的診所休假三個星期。泰瑞突然死亡，對他的行為產生很大的影響，也許她的消失只是突然加速了這冥冥中的安排。在短短幾個星期的期間，他的個性有了激烈的轉變。他變得退縮且孤僻，即使是他最親密的朋友，都避而不見面。他父親退休後，便和母親搬到聖地亞哥 (San Diego) 去住。他的父母邀他到聖地亞哥共度一些時日，但是他一點都不感興趣，寧願自己一個人待在家裡看書，或上網隨意瀏覽，或在他裝備齊全的地下室健身房裡消磨時間。

有一天早上透過電子郵件，他收到 Riley 寄來的一封短信：

你仍對古老的真理有興趣嗎？也許我可以幫得上忙。Tom Riley。

他們交換了一些訊息，隨後安排了一次會面。

兩天後的下午三點鐘，特蘭奇來到一家寬敞的星巴克咖啡店，他坐在其中一張桌子。這個地方是 Lake 與 LaSalle 的交會處，位在芝加哥的市中心，沒多久，侍者端來一杯熱騰騰的大杯黑咖啡。「特蘭奇醫師!」一個女性的聲音從他身後傳來，他轉過身來面對著她。這女人微笑著，並且看著他驚訝的表情取樂，她做了自我介紹：「我是 Gloria Sweeny，別名 Tom Riley。」

他們握了握手。她是一個身材矮小的女士，約是六十多歲，身穿深色西裝，背著一個不成比例的大皮包。她坐了下來，並且在特蘭奇要求解釋之前，她就開始說：

> 在這裡我代表一組人……，我該怎麼說呢？我們有一些共同的嗜好，自稱為「燈塔」(The Beacon)。

好奇怪，特蘭奇心想。這是他父親書店的名字，當他退休時已把它賣了。Sweeny 女士繼續說：

> 我們相信，你可能有興趣參與我們的計劃。

特蘭奇首次開口：

> 我有可能會參加？請妳能否說得更具體一點。

他必須適應新的 Riley「先生」，這挺麻煩的。
Riley：

> 沒問題，但讓我先問你一個問題：你關心世界的未來嗎？我的意思是，人類的未來。

特蘭奇：

> 我當然關心。誰不關心呢？但是我還是不明白。

Riley：

你會很快進入狀況。讓我問你另一個問題：觀察世界的情勢，你看到了什麼？

不等他的回答，她就回答自己的問題：

戰爭讓貧困蔓延，人口膨脹，流行病猖獗，宗教狂熱，加上不負責任的核子武器，空氣、土壤與水質的污染，魚類和耕地銳減，森林砍伐，全球暖化，這些都不是一個美好的景像。你認為誰能夠撥亂反正呢？政府嗎？聯合國？跨國公司？科學家？靠祈禱的力量嗎？當然不會是教會，因為教會只拯救靈魂，而不關心這個地球。我們更不能指望政客，若他們不是徹頭徹尾的腐敗，他們也是短視近利，並且受到特殊利益集團的控制。

她描繪了一幅相當暗淡的畫面。特蘭奇還是沒能看到這個女子要駛向何方。他希望得知更多有關古老畢達哥拉斯學派和他們信仰的事，他現在開始懷疑他是否在浪費時間。但基於禮貌，他無法起身離開，放棄聽女士的談話。她好像是讀知了他的想法，因此她的下一個問題便直指本心。

Riley：

你知道畢達哥拉斯的什麼，我的意思是，他是什麼樣的人？

特蘭奇：

嗯，從我讀過的書，我知道他是一個非凡的人，一個有多方面才能的人，一位偉大的思想家與傑出的數學家。他是至高的精神與政治領袖，你可能會說，他具有優越的心靈和魅力的人格。這個人迷住了我，我希望今天在我們的周遭能有像他這樣有才能的人。

Riley：

我再同意你不過！為什麼要委曲求全呢？為什麼人類的困局必須依賴「某個具有像畢達哥拉斯卓越才能」的人來解決呢？

停頓了一會兒，特蘭奇揣摩她的意思。
特蘭奇：

我沒聽懂妳的意思……

Riley：

特蘭奇醫師，如果我告訴你，在目前這個時刻，畢達哥拉斯可能就在我們之間，生活在世界上的某個地方，你會怎麼說呢？我的意思並不是說像畢達哥拉斯的人，而恰是這個人本身！

特蘭奇：

現在妳完全搞混我了，妳是在開玩笑嗎？

Riley：

我從來沒有這麼嚴肅過，但我能理解你的困惑，我要告訴你一個故事。請你聽著，直到我說完不要打斷我的話。之後我將會很高興回答你的任何問題。

特蘭奇喝了一口溫熱的咖啡。這個女人在皮包裡尋找東西。她用左手拿出皮革覆蓋的一個瓶子，他注意到她戴了一個鑲著白色寶石銀戒指。她轉開蓋子，喝了一大口，再蓋好，趕緊把瓶子放回她的皮包。特蘭奇在靜默中觀看了整個過程。當他們的目光相對時，她笑了，並且說：「我得按時服藥」，並開始述說她的故事。

Riley：

正如你所知道的，畢達哥拉斯生活在西元前 6 世紀。我們所知道關於他和他的學派傳遞給我們的，主要是透過希臘歷史學家的著作。根據一些記載，畢達哥拉斯是一個半人半神的人，擁有超自然的力量。他是阿波羅神 (Apollo) 和人類 Phytais 所生的兒子。根據其它的消息來源，他的父親 Mnesarchus，是薩摩斯島的一個商人。當 Mnesarchus 在德爾斐 (Delphi) 經商時，被神諭 (oracle) 告知，他即將出生的兒子「在外貌和智慧上將超越所有的人，並且會造就出人類最大的福祉。」

遺憾的是，要等到 2500 年後的今日，人們才懂得運用畢達哥拉斯的智慧和神力，獲得最大的益處。

特蘭奇本想提問，但他想起已同意不打斷她。於是女士繼續說下去。

現在我們所知道的畢達哥拉斯，根據的史料主要都是希臘歷史學家和哲學家寫的，並且是在畢氏去世後的幾個世紀才出現。有些作品暗示，關於「這個人以及他的哲學」，存在有更古老且更可靠的第一手資料，這是畢氏死後不久，他的一些門徒為了保存他們教主的教誨所寫的，但是這些只有在畢氏的門徒及其後代子孫的圈內中留傳。

她停了下來，並且抿濕一下她的嘴唇。特蘭奇感覺到，這位女士已經快要說到故事的高潮點。

Riley：

我們團隊的成員之一，我稱他為 S 先生，他走遍歐洲、近東與中東，參觀過圖書館、檔案館、以及拜訪古董書商，包括地下交易商和私人收藏家，希望找尋畢氏門徒所寫的文獻或蛛絲馬跡。雖然他沒有發現任何畢氏門徒所寫的東西，但是他確實發現了令人信服的證據，例如從可靠資料的引述，都指向一個非凡的事實：大約在第680次奧運會的年代，畢達哥拉斯將會轉世來「打擊邪惡」。現在，按古希臘的日曆來計算，第680次奧運會的年代對應於我們的20世紀中期……。

她特意望著特蘭奇，本來預料他會有一些反應，但是醫師讓她失望。她接著說：

S先生創辦的社團叫做「燈塔」，其成員都是崇拜畢達哥拉斯的信徒，社團的主要目的是尋找畢氏靈魂轉世的人，他是唯一可以拯救人類免於滅絕，以及防止智慧生命從這個星球上消失的人。特蘭奇醫師，這個人將成為我們的大師，他將帶領我們，並且我們也要追隨他。

特蘭奇心想：她所說的「社團」似乎是我很喜歡的新畢達哥拉斯學派的一個教派。她接著說：

更重要的是，根據S的研究還發現在羊皮紙書或紙草書裡有個重要的線索，讓我們可以認識畢達哥拉斯，這是他的追隨者或可能是教主自己寫的。原始文件幾乎可以肯定是丟失或被破壞了，但是一些消息來源指出，存在著一個保存完好的副本等待著某人來發現，這個人會知道它在哪裡，並且知道可以從副本裡找到什麼。

特蘭奇醫師，你有沒有興趣加入我們的團隊，並且幫助我們找到畢達哥拉斯，我們需要所有可能得到的幫助，當然是從我們信任的人當中尋找。

這是一個直接的問題，特蘭奇開始評估這個問題的意涵。Sweeny 女士又說：

> 當然，要成為我們的成員之前，你必須先經歷一個考驗的過程：回答一些問題，透露一些自己過往的經驗，諸如此類的事情，我們需要知道你的意願有多強。我們希望你把所有的時間和精力投入我們的共同志業。

接著在特蘭奇的身上發生一件怪異的事情。在幾分鐘前，當 Sweeny 女士提議他成為她的神祕圈中的一員時，他必會認為荒謬至極：她怎麼敢想像他會放棄一個成功的、利潤豐厚的醫療事業，加入一個相信輪迴轉世的怪異宗教團體呢？

但是在下一刻，他卻覺得有天啟的力量在驅使他。現在他認為，接受 Sweeny 女士的提議是正確的事，雖然有點不太清楚原因，但他卻相信這是一個不容錯過的機會。彷彿在夢中，他聽到自己說：「告訴我該做什麼，才能加入燈塔。」

三個星期休假完畢後，特蘭奇並沒有回到工作崗位。當他的女祕書打電話找他，探問他到底發生了什麼事情時，她難以置信地聽到他以平靜且堅定的語調說：

> Sarah，我不回去了。請妳轉告 Thompson 醫師，我的辭職信函將會在明天放在他的辦公桌上，我的律師會處理善後以及法律的事宜。我將準備去作一趟旅行，會有一段時間不在。別為我擔心，我沒事的，我知道我在做什麼，感謝妳為我所做的一切。

然後他就掛斷了電話。

第 15 章
團　隊

The gods did not reveal, from the beginning, all things to us; but in the course of time, through seeking we may learn, and know things better...

從一開始，諸神就不顯露所有的事情給我們；但是隨著時間的推移，透過追尋，我們可以學習並且知道得更好…

—Xenophanes—

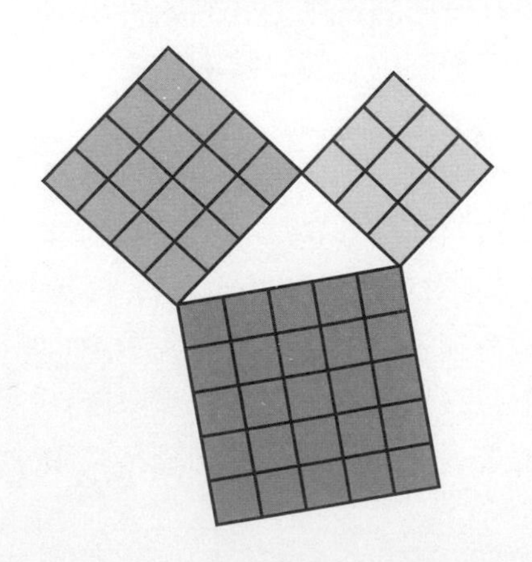

三年後，特蘭奇 (Trench) 已經成為燈塔團隊的第二高階會員，他慷慨地資助新畢達哥拉斯教派的活動。

這個團體約有 50 名左右的會員，一切活動皆以最隱祕的方式運作，所以都不被圈外人知道。這些人士互相稱呼為「夥伴」(fellows)，一般而言他們是富有且具有影響力的專業人士和企業家，約有 20% 是女性。他們尊崇畢達哥拉斯的思想與學說，但是他們詮釋的重點在神祕奧義這一面，這讓他們得到一種精神上的滿足，這是當下主流宗教無法提供的。他們崇拜這位著名的哲學家與數學家為他們的神或教主。

燈塔成立於 1979 年，由一個神祕人物發起，其他會員都稱他為 S 先生，他相信畢達哥拉斯的靈魂將在 20 世紀中葉轉世。因此，會員不僅崇拜畢達哥拉斯的精神，也急切等待畢氏重新回到人世間，就像其他宗教信徒等待救世主的到來一般。要進入燈塔的人，必須要有兩位會員的推薦，再經過徹底的審查。審查的項目包括候選人的身家背景、個性、生活方式和動機，這些都必須作嚴格的把關，通過後才能成為會員。新進會員必須要宣誓效忠，並且發誓在財務上支持最高領導並且願為尋找畢達哥拉斯的靈魂轉世者而奉獻。

平時，會員在社會上過著正常的生活，但是每個月的第 10 天，他們要在一個神廟聚會，總部設在芝加哥的郊區。聚會時他們進行一項儀式，象徵他們與宇宙精神和諧地結合在一起。當他們達到入神的狀態時，他們試圖淨化自己的靈魂，並且從更高的力量，接收智慧和悟道能力。正是在這種聚會上，舉行新會員的入會儀式。

至今特蘭奇仍然清晰地記得他入會的儀式。他們聚集在真理神殿的大廳，廳內有高高的天花板和狹窄的窗口，一端是講臺。光亮的金屬球，懸掛在鋪著紅地毯的講臺上頭，大小是沙灘排球的兩倍，映照著天花板照射下來的燈光。煙氣從兩個青銅香爐的雙管升起、飄散，香味瀰漫整個房間。在講臺後面的牆上是一個屏幕，兩邊帷幔收起，展現出一個**五角星**的圖案。隨著儀式的進行，一系列其他的圖案陸續出現在屏幕上。

五位高階理事會會員半圍一圈坐著，理事會是燈塔的最高權力機構。他們坐在高背椅上，以講臺為中心環繞著，面對著參與儀式的會員。在理事會員的前面有一個獨腳桌，花崗岩桌面鋪著紅色天鵝絨的轉輪，上面放著一個東西：一個鑲著白色石頭的銀戒指。

所有在場的人，包括特蘭奇，都穿著無頭巾的白色長袍，且一條銀色的腰帶綁在腰上。在胸部高度的地方，用銀線繡著一個複雜的幾何圖形，顯示該會員所屬的階層，從最低等階到最高等階。

特蘭奇站在理事會面前，背對著觀眾。理事會中最高階的長老是一個禿頂的男人，約 60 歲左右，有方形下巴和蓬亂的眉毛。長老對著特蘭奇朗讀他的職責和義務，其中最要緊的是要遵守絕對的保密。然後，他要宣誓效忠，這樣開始：

> 我，格里格瑞・詹姆士・特蘭奇 (Gregory James Trench)，以這個用神聖的 Tetraktys（10 的四元說）來啟示我們的人之名起誓……。

當他說話的時候，屏幕上展示的圖像是 10 個點排列成一個等邊三角形的形狀。

當他完成宣誓，他坐在一條特別的矮凳上，面對著會員。有人帶來了淺淺的銀碗，裡面盛滿了水，還有一條白色的亞麻毛巾。在接受會員徽章之前，他必須先洗淨雙手。

特蘭奇站起來，長老走過來，他從桌上拿起戒指，並且用一種著意的手勢，把戒指套在特蘭奇的左手無名指上。然後，他擁抱一下特蘭奇，再作簡短的介紹，他說：「兄弟，歡迎你成為我們的夥伴」，並且在他的雙頰輕輕地吻了一下，作為友誼的象徵。友誼的關係是早期畢達哥拉斯學派高度重視的價值。理事會的其他成員與會員也做同樣的事情，按序排隊，緩慢走上講臺，從左邊進入，右邊退出。儀式結束後，特蘭奇坐在會員席中的指定位置上。

其次是朗讀畢達哥拉斯的一些戒律。聽過格言之後，他們會端視格言的意義並齊聲回答說：「是的，我會遵守」或「如教主所說」。當朗讀完畢之後，所有的人都低著頭沉思，並且靜默幾分鐘。

當音樂開始響起時，他們都站了起來。在後臺的弦樂器和鼓聲，起先是輕聲，而幾乎聽不見，但是慢慢變得越來越大，充滿了整個房間。特蘭奇環顧大會的四周，每個人都站在那裡，兩手合掌好像是在祈禱，並且眼睛固定在眼前的屏幕上，如今顯現的是**金字塔**的圖像，它不斷放大並且慢慢地旋轉。隨著時間的流逝，音樂的音量增大，許多人開始說一種陌生的語言，或者也許只是在發出聲音而已，這些特蘭奇都無法明白，彷彿那些人受到催眠一直盯著屏幕，有一個靠近他的人，像一頭公牛般在痛苦中吼叫著，聲音非常可怕。出於本能，特蘭奇閉上了眼睛，並且用手捂住耳朵，但他不能隔絕打鼓的瘋狂節奏，如今響亮得像地下迅雷般爆炸開來。那些聚集在真理神殿的會眾快要達到高潮：這是精神恍惚的狀態，也是一種幸福的狀態，可以讓他們直接跟教主和其他神靈交流。但是只有心靈淨化並且啟動了數的祕密的人，才能跟神靈交流。特蘭奇並不是其中之一，這一次沒有，他還沒有這種能力。

自從特蘭奇加入燈塔團隊，三年已經過去了，為了探索畢達哥拉斯的靈魂轉世者而努力著，到處去搜索手稿文件，尋找線索，但是都沒有成功。這個文件唯一現存的珍貴副本，可能躺在某私人圖書館的架子上蒙塵，被忽略並且難以接觸，但是這並不影響這個教派的決心或信仰，他們相信終究會找得到。他們受到深刻信念的驅策，相信不僅是畢達哥拉斯的靈魂轉世者出生在世界上的某個地方，而且終究會找到他，而成為他們的精神領袖，完成許多有利於全人類而了不起的事情。

一些有希望的線索卻走到死胡同，包括偽造的羊皮紙寫滿了數學公式，文件的主人謊稱是畢達哥拉斯親手的簽名，卻忽略了一個事實，羊皮紙是在西元前 2 世紀發明的，這已是哲學家死後過了三百多年的事。儘管遇到許多的不確定和失望的事，但是搜索行動仍然持續進行。

在 1997 年 12 月初，一封來自倫敦的傳真信函，終於取得了突破性的進展。現在特蘭奇負責協調搜索的行動，他建立了一個網站當作「媒介」，以尋找任何他想要的文件。他的網站大多數是由不同國家的收藏家和古董書商組成的，包括一些經營黑市走私或贓物的不法個人。這些黑市的貿易商中，有一個代號為「綠寶石」的人，剛買了一本中世紀羊皮紙書的一個片段，這是一段希臘文，些許是藝術圖案裝點著文字，但是仔細觀察就會發現其實是一些有趣的數學和幾何符號。為了慎重起見，「綠寶石」決定把這個片段傳真給特蘭奇去鑑定。在封面上，「綠寶石」在傳真的第一頁留下簡短的訊息：「我想你會想要看看的」，接下來還有 8 頁。文件的品質雖然很差，但是對於特蘭奇來說已經好到讓他可以看到他有興趣的東西。他立即以電子郵件回信，指示「綠寶石」謹慎保存此書，直到另有通知為止。

五角星圖

引起特蘭奇注意的是，在第二頁出現一個小小的幾何符號：在兩個同心圓內畫著一個五角星（參見上圖）。

五角星也被稱為三重交織的三角形或五邊的星形，它長期以來被認為具有神奇的力量。在巴比倫和古希臘，它被持有異教信仰的人戴著。畢達哥拉斯的門徒看出五角星具有數學的完美性，關連到所謂**神的比例**或**黃金分割**。他們戴著五角星，作為兄弟會成員的識別標誌，也象徵著身體健康。

特蘭奇對於五角星的兩個尖點被畫在上方這個事實特別感到興奮，整個符號在希臘文意指「健康」，恰是早期畢達哥拉斯學派所畫的符號。這可能是他在找尋東西嗎?

所見到的 8 頁是清楚的，這可能是一本書的一部分。這本書的其餘部分，如果仍然存在，是否也會出售?「綠寶石」近期已經沒在熱衷購買羊皮紙書的活動，但是經過幾次信件往來，特蘭奇已從字裡行間推理出事情的全貌: 綠寶石的「客戶」是一個竊賊，偶爾在倫敦的旅館房間偷竊，在一次偶然的機會中遇到了這本書的一個片段。不知道它的主人是誰，除了知道他或她可能是一個外國人。無論是哪種情況，古老的羊皮紙上留下來的東西，肯定值得仔細研究。

一個星期後，理事會的高階會員舉行會議，討論收購這本中世紀的書，結果接受特蘭奇的建議，以 20,000 英鎊購買下來。

徹底檢查過書頁後讓他們相信，這是一件精心製作的藝術品，裡面含有幾何圖形以及數學符號，最後附有一首神祕的短詩，這首詩是一個謎題，隱藏了一則訊息，可能是有關畢達哥拉斯的靈魂轉世。至於訊息的原本涵意，他們只能推測: 它可能是到達某個地方或另一個文本的指引，甚至可能是某種只透露給開啟者的數學發現，但無關乎辨認出在世的畢達哥拉斯。

理事會決定，他們需要有人協助將隱藏訊息解碼，於是委託特蘭奇找尋具有專業技術的人來做這件事情。所選擇的人必是搜索團隊的第四位成員，他的任務是找尋畢達哥拉斯的靈魂轉世之人，並且把此人帶到理事會的面前。

在 1998 年 1 月初，有一天下午，一輛車子抵達燈塔的總部，這是 19 世紀的建築，氣勢宏偉，坐落在城市的北邊一個樹木繁茂密集的區域。

這棟建築的周邊都是高牆，要進入必須經過安全門的檢查。汽車司機是李奧納多・瑞西特，唯一的乘客是朱爾・戴維森 (Jule Davidson)，他是最近也是最後物色到的搜索團隊的成員。

通過門防的安全檢查後，瑞西特將車停在房子的後面，他們從側門進入大樓。屋內溫暖且乾燥，顯著對比於從停車處走到屋內的幾步之遙，那種寒風吹拂的冰冷感。他們穿過一個玄關，屋內地板鋪著瓷磚，將自己的大衣放置在旁邊的衣帽間。瑞西特對打算在神廟過夜的朱爾說：「你可以把背包留在這裡，到時有人會來帶你到你的房間。」

他們爬上一個寬敞、鋪有地毯的樓梯，來到一樓（即為我們所稱的二樓），沿著昏暗的走廊走向一個玻璃鑲板門。瑞西特先敲敲門，然後打開門，引領朱爾進入一個似乎是圖書館的地方，每面牆都是書架，只有在他們前面的這面牆是例外，這面牆有兩個大窗戶配置，有著沉重可拉開的窗簾，讓午後的光線穿透進來。在房間裡的空氣是溫暖的，並且屋內充斥著木材的芳香味。格里格瑞・特蘭奇坐在壁爐邊的一個樱桃木大書桌。他透過老花眼鏡邊緣看著他們，他說：「午安，先生們，請進來。」然後站起來，並且趨前去會見他們。

瑞西特把朱爾介紹給特蘭奇：「這是朱爾・戴維森博士，我們團隊的新成員。」特蘭奇在伸出手之前，用眼睛直視著比他矮大約有一英尺的數學家朱爾，然後以平和的聲音說：「我是格里格瑞・特蘭奇，歡迎你加入我們的行列，戴維森博士。」朱爾禮貌地微笑，也伸出手來回應，並且說：「我很高興能夠成為團隊的一員。」他們握手，朱爾又補充說：「我期待著學習更多有關於我工作的內容。」

特蘭奇平淡地說：「那當然。」特蘭奇的眼睛深深注視著朱爾，打量著他，好像在尋找某種東西以確認朱爾能夠擔當起任務。最後，他邀請客人坐下來。「請當作自己家一樣，不用客氣，戴維森博士。」朱爾在皮製扶手椅上坐下來，面對著特蘭奇，他坐在紅色和金色交織的錦緞沙發上，這個顏色正好跟後面的窗簾相搭配。當特蘭奇開始對朱爾作簡短說明時，瑞西特致歉先離開了。特蘭奇給朱爾介紹團隊的運

作以及朱爾在團隊中所扮演的角色。特蘭奇說:

> 正如你從瑞西特先生所得知的,我們是一群信仰新畢達哥拉斯主義的人,這是一種古老的融合型宗教,理論基礎是西元前 6 世紀出生在薩摩斯島的哲學家與數學家畢達哥拉斯的教義,他是自有生以來最有智慧的人。他廣泛地遊歷希臘、埃及、巴比倫,並且從這些國家的人民吸取大量的知識與智慧。為了防止這些知識、科學與哲學丟失,他採取了非常辛苦的手段,創立一個兄弟會,透過眾弟子來保存和傳播,於是他成為造福人類的主要貢獻者。作為數千年傳統的繼承者,我們的職責是繼續進行這一崇高與神聖的使命。

他停頓了一下,將座椅向前移動了一點。他再次開口的時候,他的口氣十分激動,幾近威脅的說:

> 我們有理由相信,你也不會質疑我們的信念,或要求給予任何證明或理由,在這個非常的時刻,相信我們的教主已經靈魂轉世到世界上的某處,你的任務是幫助我們找到他。

朱爾將與勞拉・赫許 (Laura Hirsch) 教授在一起工作。勞拉是古希臘的專家,隔天他們將要見面,他們的任務是確認誰是畢達哥拉斯的靈魂轉世者。他們必須向瑞西特報告,若他不在時,就要向特蘭奇報告。特蘭奇警告朱爾說,對於一切相關的運作、神廟和其中的人事物都要嚴格保密。

特蘭奇也提到搜索團隊還有其他兩位成員,但是未作進一步的解釋。在未來的幾個星期,朱爾必會學到更多有關於他們的事,以及他們在計劃中所扮演的角色。第三位是洛磯 (Rocky),他身壯如牛,曾有一段時間是職業摔跤手,但有一段時間身陷法網。有一個晚上,特蘭奇遭遇搶劫,他救了特蘭奇一命,之後他就被特蘭奇「領養」。由於特蘭奇的關係,讓他「看到了光」,並改變了他的生命,從此他願為特蘭奇做任何事情，甚至殺人都在所不惜。第四位是胡迪尼 (Houdini)，他是一位機械和電腦的奇才，是個高個子、瘦長結實、三十多歲、很少說話。他可以開鎖、開保險箱，甚至侵入電腦如呼吸一樣容易。他是一位孤獨、內向的人，獨自一個人住，為了餬口而從事設計電腦遊戲。一旦朱爾和赫許教授發現在世的畢達哥拉斯的靈魂轉世者時，洛磯與胡迪尼立刻要動身去找到他並且說服他，或者，如果必要的話，強迫他到神廟來。

那天晚上，當朱爾獨自一人在宿舍時，簡陋的房間裡沒有窗戶，他開始重新考慮，他接受瑞西特的邀請是否太倉促了？他對靈魂轉世有懷疑——他根本不相信，而且他也對教派毫無掩飾的狂熱持疑。他告訴自己，要回頭為時已晚，他不打算半途而廢，他決定盡力而為，直到團隊的工作結束為止。

第 16 章 搜　尋

He is unworthy of the name of man who is ignorant of the fact that the diagonal of a square is incommensurable with its side.

不知道正方形的對角線與其邊是不可共度者愧生為人。

—Plato—

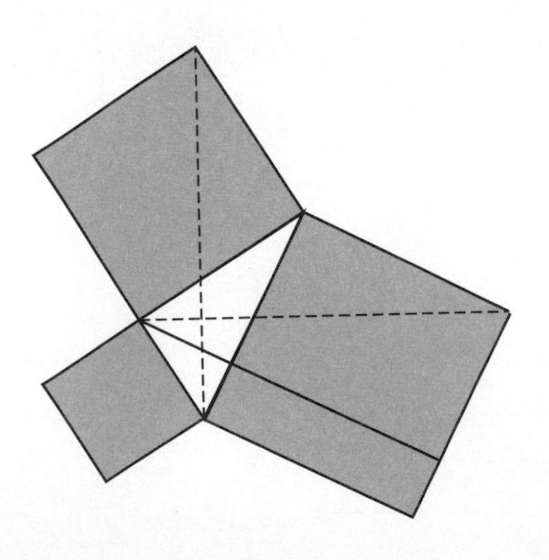

「這位是赫許 (Hirsch) 教授，她是古希臘學的權威。」特蘭奇把她介紹給朱爾，他們按照慣例互相禮貌問候，接著特蘭奇又補充說：「赫許教授目前正在寫一本關於畢達哥拉斯的書，以後凡是涉及畢氏本人和他的學派，她將是你的資源人士。」

教授的全名是勞拉・伊娃・赫許 (Laura Eva Hirsch)。她出生在前德意志民主共和國（即以前的東德，在 1990 年之後兩德已統一），在那裡學習古希臘歷史和神話，然而在逃亡到美國之前，她是政治難民，幸運地在一位外交官朋友的幫助下逃了出來。在 1983 年她從伊利諾大學 (University of Illinois) 得到古典學的博士學位，她畢業後繼續留在母校當教師，由於她升遷快速，到了 1989 年就成為正教授。目前她四十來歲，身材高挑纖細。雖然她沒有迷人的臉龐，但是她深棕色的頭髮和黑色的眼睛，更突顯出她皮膚的白皙。

某個星期六的早晨，朱爾和赫許教授兩人獨處於一個大房間裡，房間有高大的窗戶，可以俯瞰房子後面的公園。公園裡鮮明的白雪如毛毯一般，一直延伸至遠處，直到遠端一牆黑色的松樹林才終止。在此時樹的上方，藍天中有一些小雲朵，像一座棉花島在一個巨大、平靜的海面上漂浮著。朱爾在他的房間裡跟一個沉默、不苟言笑的年長女士共進晚餐和早餐，因此這是他第一次接觸特蘭奇或李奧納多・瑞西特 (Leonard Richter) 之外的人。

教授首先發言，她對朱爾說：

我會幫助你得到任何你想知道有關於畢達哥拉斯和他門徒的資訊。

朱爾發現她說話略帶有德國腔。接著她又面帶微笑補充說：

你就把我當作是人類界的 Google 吧！

朱爾也以微笑回答說：

我需要所有我能得到的幫助。

朱爾很高興得知，教授似乎並不嚴肅，反倒是相當幽默。他翻開筆記型電腦，對教授建議說：

妳應該不會介意介紹畢達哥拉斯和他的教義，給我這樣的初學者看吧？

「沒問題」她贊同地點頭說。她在皮座椅上往後靠，經過短暫的反思後，開始她的講課：

在他那個時代，畢達哥拉斯被尊為一個擁有稀有智慧的人，幾乎是半神半人。但今天人們記得他，主要是因為以他的名字來命名的一個著名定理（即畢氏定理），雖然這個結果在他出生前的數個世紀，巴比倫和古印度文明就已經知道了。我記得年輕時，我是用我的母語德語背記來學習這個定理：「在一個直角三角形中，斜邊的平方等於其他兩個邊的平方之和。」

朱爾半舉著手，好像一個學生想要引起老師的注意。勞拉・赫許微笑著並且說：「你有問題嗎?」
朱爾：

妳剛才說,畢達哥拉斯的著名定理更古老的文明已經知道了。妳的意思是說畢達哥拉斯定理並不是畢達哥拉斯發現的？

赫許：

不，我並沒有那個意思，但是一涉及「所有權」的問題就很難論斷，尤其當事人已經死了數千年，留下的一些記錄也有爭論與不同的解釋。舉個例子來說，在西元前約 1700 年，巴比倫有個泥板的片段，目前保留在紐約的某個博物館。這個泥板的片段是由四行數字組成，採用巴比倫 60 進位的記數系統並且用楔形文字來書寫。根據現代學者的看法，這基本上是畢氏三元數的表，也就是 a, b 與 c 三個數，滿足 $c^2=a^2+b^2$，實際上，僅列出對應的 c 與 a 值的欄位在現存的一塊泥板上。有人可能會認為，巴比倫人已經知道我們認為是畢達哥拉斯發現的著名定理，但是他們真的已經知道了嗎？

朱爾：

我懂得妳的看法，那些數值關係是否產生自直角三角形的幾何知識，並不是完全清楚的；我的意思是，他們實際上是列出直角三角形的斜邊 c 以及兩股 a 與 b 的關係表。他們可能只是基於算術的好奇心，用例子來顯示一個平方數可以表為兩個平方數的和。

赫許：

這是可能的，但是儘管表中沒有明確提及任何幾何關係，我們從 c 與 a 行，分別讀到正方形的對角線與一邊，所以他們還是很可能知道畢氏定理的。

此外，還有一個巴比倫的泥板，有三個數寫在上面，這可能顯示巴比倫人知道等腰直角三角形的畢氏定理，且以直觀作視覺上的驗證。〔見圖 16-1〕

至於印度的數學，在證據上可能更具有說服力。Baudhâyana 大約生活在西元前 800–600 年，他是印度傳教士和數學家。他可能對於為數學而數學本身不感興趣，但是對於數學應用於建造神壇，供奉牲品給神靈，以及其他的宗教儀式，卻深感興趣。為了成功的供奉牲品，以得到神的應允，實現人民的願望，保平安、健康與豐收，……等等，祭壇的建造必須經過非常精確的度量。Baudhâyana 的 Sulba 經典或「弦的規則」，是用梵文而不用任何數學符號來書寫，這是數學結果與幾何建構的一本文集，裡面沒有證明。其中，我們發現下面的語句。

她搜索她的文獻:

這裡就有一篇論文，我們讀到:拉伸一條繩索當對角線，以其長度為邊所產生的正方形面積，等於以繩索投影到垂直和水平線段長度為邊的正方形面積之和。

朱爾叫了出來:

這真是驚人!這本質上就是我們所說的畢氏定理的一般形式。我在年輕時讀過，畢達哥拉斯曾到過印度旅行。他可能在那裡學到這個結果嗎?

教授婉轉地回答:

我不確定畢達哥拉斯是否曾經遠到過印度，但是可以確定他遊學過埃及。在我看來，這樣一個重要的數學結果，遲早都會被任何先進文明發現,尤其這個定理很顯然有實際的應用,今日的木匠仍然在用它來確定直角，所以還可能有更多發現者也說不定。

朱爾打斷說:

事實上，木匠真正使用的不是畢氏定理本身，而是它的逆定理:
如果 $c^2 = a^2 + b^2$，那麼三角形為 $\angle C = 90°$ 的直角三角形。
對於大多數人來說，畢氏的正逆定理都混淆不清。

赫許教授點點頭承認:

我知道，我就是其中一個。

她繼續說:

中國人也聲稱這個定理是他們發現的。至少約在西元前 6 世紀的孔子時代，存在有一本非常古老的中國數學文獻❶，在格子網上畫了一個歪斜正方形，伴隨著評注。同時對於三邊長 3, 4, 5 的三角形提出一個眼見為憑的證明。〔參見圖 16–2〕

圖 16–1

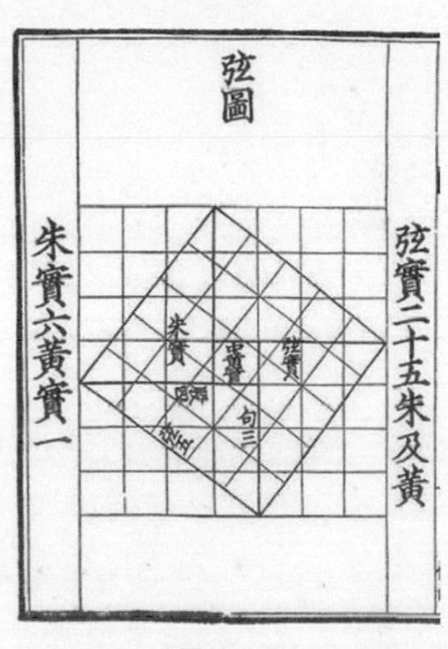

圖 16–2

朱爾：

那麼，為何這個定理要掛上畢達哥拉斯的名字呢？

赫許：

事實上，我們真的是不知道。最早的可靠根據是，在西元 1 世紀一位希臘的作家 Plutarch 報告說：根據邏輯學家 Apollodorus 的說法，當畢達哥拉斯發現「一個直角三角形的斜邊的平方等於兩股的平方和」時，他便宰牛祭神以資慶祝。這個事件激發出如下的諷刺短詩：

---

❶ 周髀算經。

當偉大的薩摩斯 (Samian) 聖人
發現了他那崇高的定理
一百頭牛以血液染紅了大地。

然而，這樣的「慶祝」似乎是不可能的，因為畢達哥拉斯學派的信念是反對殺生，不吃動物的肉。

朱爾從不同的角度來切入問題，他問道：

那麼，關於定理的證明呢？已知存在著數百種不同證明❷，這些都有效地建立命題。如果畢達哥拉斯確實證明了這個定理，那麼他是怎麼證明的呢？

在回答朱爾的問題之前，赫許女士說：

我知道有數百種的證明❸，其中包括在 19 世紀 James A. Garfield 提出的一個證明，他後來成為美國的總統。但是，我們並不知道畢達哥拉斯如何說服自己這個命題是真的。事實上，我們必須先澄清一個概念，在他那個時代，什麼是數學的證明？

朱爾補充說：

英國著名的數學家 Michael Atiyah 曾經表示，數學的證明如膠水，把數學黏合在一起。

但是，證明的概念隨著時間而演變，一個存在兩百年歷史的幾何猜測問題：存在有 10 階的射影平面。這個問題終於在 1988 年被解決，答案是不存在。在證明的過程中，有一部分是採用一臺超級電腦的幫忙。問題是，只有電腦可以檢驗

❷ 520 種

❸ 這個定理的一個「圖像式」證明見附錄 IV。

這部分的證明。正如《紐約時報》所說的「一個數學證明，如果沒有人可以檢驗它的話，算是證明嗎?」

勞拉・赫許不喜歡把論述引到20世紀的數學題外話，她說:「如果你願意的話，讓我們回到古希臘吧。」她在筆記型電腦裡搜索了一會兒。「在這裡，有一本討論希臘數學的摘錄，你自己去讀吧!」她遞給他筆記型電腦。

在本質上，古希臘和東方科學最大的區別在於，前者是一個巧妙的知識體系，建立在邏輯推理的方法上，而後者只不過是一些操作指令和經驗法則的湊合，往往是用例子來展示某些特定的數學步驟是如何進行的。〔……〕

在數學術語中，「證明」和「試證明」是希臘語的動詞 "δεικνυμι"。這個動詞從一開始最有可能的意思似乎是，以圖像與字面意義「指出」一個事實。因此也有「解釋」的意味〔……〕。有一些學者，雖沒提過這個動詞的意義，但已強調早期希臘數學眼見為憑的重要性。這表明最早的「證明」可能是「指出來」或「使其可見」一個事實。換句話說，希臘語 δεικνυμι 可能是數學中「證明」的專技術語，因為「試證明」原本就是要讓一個數學敘述之為真理（或錯誤）變得顯而易見〔……〕。

下面是一個古代的數學教學例子，似乎支持我們的猜想。這是從柏拉圖對話錄的〈*Meno* 篇〉取出來的。蘇格拉底問一位當奴隸的小男孩:

【問題】(倍平方問題)

給一個邊長為2的正方形，如何作一個正方形使其面積為原正方形的兩倍?

於是蘇格拉底畫一個圖〔見下圖中的(1)〕，顯示一個正方形，現在要將它加倍。小奴隸回答說，也許將邊長增加一倍，面積就會增加一倍，蘇格拉底作了第二個圖(2)，圖示說明正方形的邊長加倍時，面積就變成 4 倍。

他接著作第三個圖(3)，顯示出一個正方形，其邊是三個單位長，於是面積為 9 個平方單位，因此並不是原來面積的兩倍。最後，在第四個圖(4)他證明了由對角線所形成的正方形之面積恰是原正方形的兩倍。

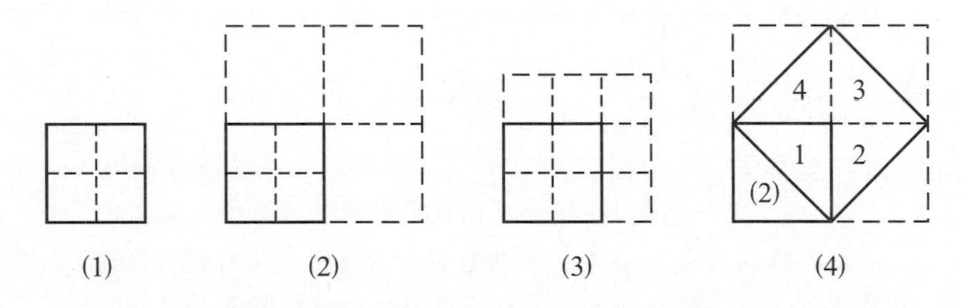

這是從柏拉圖的著作引出的這段文字，我認為極佳地說明了，在古希臘數學的早期發展階段，一個數學敘述受驗證的方式是什麼，亦即在古老的意思裡，一個命題是如何被「證明」。上述已經說明和「證明」的命題，可以正式形構為：「以正方形的對角線為邊之正方形，其面積是原正方形的兩倍。」〔……〕

另一方面，在歐幾里德《原本》(The Elements) 中的證明（在大約兩百年後），已經是修飾到光潔亮麗的形式。〔……〕歐氏對命題作視覺上示明已不滿意，他改採一序列的抽象論述來說服讀者接受命題的真理。

朱爾讀完了，但沉默地盯著電腦螢幕。大約經過了一分鐘後，伊娃・赫許終於打破了沉默：「怎麼樣？你覺得如何呢？」

朱爾以提出一個問題來代替回答：

蘇格拉底跟畢達哥拉斯是同時代的人嗎？

赫許：

不，他是在畢達哥拉斯死後約 30 年出生的，你為什麼問這個問題呢？

朱爾：

因為蘇格拉底對倍平方問題的解答，就是等腰直角三角形這種特殊情況下畢氏定理的簡單證明。

「怎麼會如此呢?」她似乎被驚訝震住。

「現在讓我們來看蘇格拉底的第 4 個圖。」她移近他的身邊。朱爾以他的手指在螢幕上描繪著三角形解釋說：

正方形的對角線也是直角三角形的斜邊，它的另外兩邊就是正方形的邊。因此，在對角線上的正方形是斜邊的正方形，蘇格拉底證明，它的面積是原正方形的兩倍，換句話說，等於其他兩邊上的正方形之和。

赫許教授很快就掌握住朱爾的論述，她把頭轉過去看著他，並且說：

這真是令人印象深刻。

朱爾忽略她的誇獎，繼續說：

我敢打賭，對於一般的直角三角形，畢達哥拉斯採用了類似的幾何建構來說服自己命題的真確性。順便一提，在幾世紀前印度數學家給出這個定理的敘述——「一條繩子沿著對角線延伸……」——他從來沒有提過矩形，所以也許他的敘述只是針對正方形的特殊情況。

赫許：

你說得對，你不是第一個提出這個問題的人，但讓我們繼續前進吧！我應該要告訴你所有關於畢達哥拉斯和他學派的事，我幾乎還沒有開始說呢！

她回到她的椅子上，並且繼續她的講述：

對於畢達哥拉斯來說，智力是人類最重要的能力，因為它可能會導致一種知識形式，比任何其他事物更具有深度和明確性。他教導說，「讓神賜給人的理性，當作是最高的指導原則。」他對大自然的願景，所根據的原理是，數統治著世界，這往往濃縮為一句格言：「萬有皆數 (All is number)。」他會達到這個普遍的結論，似乎是得自對於悅耳音程的觀察，例如八度音程，五度音程，四度音程，因為它們來自拉緊的弦，其弦長為兩個簡單的整數比，分別為 2 比 1，3 比 2，以及 4 比 3。這個大膽的概括對我們來說可能會顯得天真，但是如果畢達哥拉斯學派已經發現證據支持他們的信仰呢？如果他們已發現了宇宙如無窮的全像圖 (hologram) 呢？然後，就像全像圖的一個小片段包含整體的所有功能，因此，宇宙的所有祕密可能會藏在任何微小的片段裡，例如爬行的昆蟲、或孩子的笑容、或振動的弦。

畢達哥拉斯的宗旨在 2000 年後仍然可以在伽利略 (Galileo) 的信念中發現：「自然之書是用數學語言書寫成的。」事實上，許多著名的科學家，從克卜勒到愛因斯坦，就提這兩人吧，他們共享著畢達哥拉斯的願景：數與和諧統治著宇宙，而宇宙內部的運作，可以透過揭露其背後的數學關係來掌握。

克卜勒在 17 世紀初發現行星的三大運動定律，他秉持的堅定信念，就是畢達哥拉斯的理念。對他來說，幾何是神所提供的創造模型，並且行星在軌道上運行的速率反映著和聲的音程，因此，行星繞太陽的週期運動，在天空中產生了「星球的音樂」(the music of the spheres)，這不是用耳朵聽，而是用心智才可以聽得到。

愛因斯坦說：「上帝不是用丟擲骰子來決定這個世界。」他不僅拒絕量子力學的機率解釋，而且他也寫道，如果一位科學家認為邏輯的簡潔性是科學研究不可或缺的有效工具，那麼他就是一位柏拉圖或畢達哥拉斯主義者。

但是當科學家發現了星系、基因、量子現象以及混沌系統，瞥見了生物過程的複雜性，我們現在知道，宇宙並不是如「萬物皆數」這麼單純。然而……

透過數，我們得以快速地儲存、傳輸和重現不只是各種形式的資訊，而且還有聲音和圖像。從一個非常現實的層面上來說，一片 CD、DVD，數位照片，或電影，這一切都只是由二進位數碼 0 和 1 所組成的數列。還有那些影響大多數人命運作出的關鍵決定，都是根據數字上的精算和統計過後的數據。其他情形也能將數字當作巧妙的工具，來控制、誤導和欺騙。比如：將複雜的概念簡化成一數表達、將「智能」化為「智商」(IQ) 計算，或以國民生產總值 (GNP) 來展現經濟的情況。

上帝所創造的自然世界，可能不如畢達哥拉斯所認為的單用數就可以掌握。在這個意義上，他已經被證明是錯誤的。然而數卻越來越廣泛地統治著人造的世界，即掌控現代社會的生活，這可謂是畢達哥拉斯的復仇。

朱爾問：

那是妳的書的書名嗎？

她回答說：

暫時是這樣沒錯，但是對這件事編輯擁有最後的決定權。

赫許教授足足講了三個小時，她偶爾從厚厚的筆記本或她的電腦螢幕讀資料，並且不時地被朱爾的提問打斷。他們兩人幾乎沒有注意到一位老婦人端進來一個盤子，裡面有咖啡、三明治和一些水果。

特蘭奇大約在四點鐘左右加入他們「狩獵計劃」(The Hunt) 的行列，他們談論執行的步驟流程和其他細節的操作，目標是要找到畢達哥拉斯的靈魂轉世者，並且把他帶到神廟。朱爾和勞拉負責「發現」的部分 (是誰以及他在哪裡)，而當他們發現後，洛磯 (Rocky) 和胡迪尼 (Houdini) 負責把他「帶過來」。

在接下來的數週或數月，他們將住在城裡的一家旅館，並且到高地公園 (Highland Park) 瑞西特的地方工作，此處辦公室的設備有最先進的技術。

再怎麼輕描淡寫，他們的任務仍然十分艱鉅。何況他們追逐的畢達哥拉斯靈魂轉世者，很可能只是一個神話，像許多其他古老的傳說故事那樣。顯然他們受到信仰的蒙蔽，新畢達哥拉斯教派的成員根本不考慮這個可能性——因為特蘭奇已對他們清楚表明立場，勞拉和朱爾也不再去多想，因此接下來的問題是，該從哪裡開始著手？

第 *17* 章
蛇的圖像

The knowledge of which geometry aims is the knowledge of the eternal. It will draw the soul towards truth.

幾何的目標在於永恆的知識。它引導靈魂趨向真理。

—Plato—

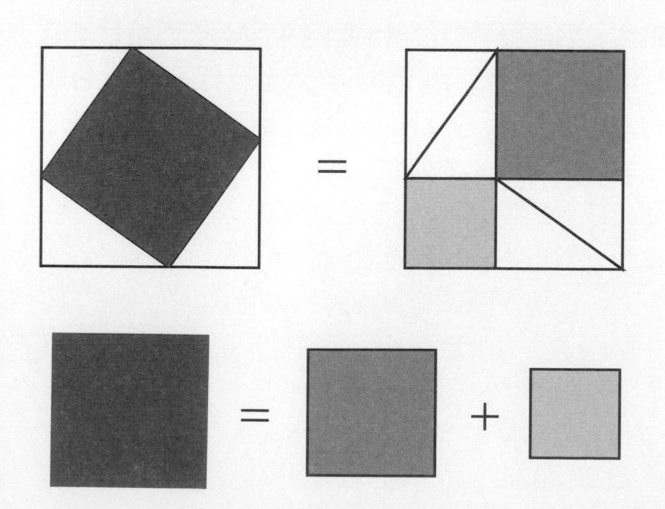

經過一個星期後，朱爾和勞拉在神廟再一次見面，尋找畢達哥拉斯的靈魂轉世者的任務正如火如荼的進行著。當時瀰漫的氣氛是，大家都懷著堅定不移的信念。起初朱爾對靈魂轉世抱持著懷疑的態度，但現在這種念頭已經減弱了。他提議建立網站，以及在世界各地的報紙發布某種誘餌消息，就可能會得到一個潛在候選者的回應，但是這對其他人並不影響。然而，特蘭奇 (Trench) 不贊同此方式，因為他深怕會引來各種騙子、怪胎或是更糟的情況，被這些垃圾淹沒。

他們開始注意其他宗教面臨到類似問題時，是如何處理的。於是他就去研究藏傳佛教的情況，當達賴喇嘛去世後，他們遵循的最高指導精神，是由僧侶和其他喇嘛組成一個搜索團隊，開始尋找他的轉世者，這或許要持續數年之久。例如第 13 世達賴喇嘛在 1933 年去世時，他曾在夢中預見到他已經轉世了。他描述一個小房子，有獨特的排水溝，房子後面有一棵老楊樹，遠方有一個金色屋頂的修道院。經過四年後，搜索團隊發現一個地方跟他所描述的，竟然有如此驚人的相似之處。發現是一個 2 歲的小男孩叫做 Tenzin Gyatso，正與母親住在那間房子。喇嘛們得到他母親的許可進行測試，他們把幾個東西放在男孩的面前，其中有些屬於以前達賴喇嘛的。然後，他們要 Tenzin 挑選出他所喜歡的東西，熟悉屬於前世達賴喇嘛的東西被認為是轉世者的主要證據。當他完成後，男孩選擇了那些原本屬於第 13 世達賴喇嘛的東西，而不挑選其他任何東西。Tenzin 還通過了其他的測試，然後才被宣布為達賴喇嘛的靈魂轉世者。

但是尋找畢達哥拉斯靈魂轉世者,卻不能沿習相同於上述的路徑。首先，他們既沒有描述地點也沒有測試方法以評估可能的候選者，這跟達賴喇嘛的轉世不同。另外一點，達賴喇嘛的轉世發生在一個小的地理區域，並且才相隔幾年，與畢達哥拉斯的轉世情況大不相同，所以沒有特別的理由可以相信畢達哥拉斯會重現在 2500 年後最後他住的地方，也就是在今日義大利南部的克羅頓 (Croton)。所有他們知道的只是，如果畢達哥拉斯的靈魂在 20 世紀中期會轉世，那麼他們就要尋找一位 35 歲到 45 歲之間的人，這並不是一個可以大大縮小搜索範圍的訊息。因此得到畢達哥拉斯的手稿，以找到認出他的線索，是至關重要的事情。

他們最有希望的線索是，一本中世紀的書，或者說一本書的片段，特蘭奇在倫敦的代理人買到了：四張羊皮紙張，在所有 8 頁中提供了精心製作的藝術圖案、數字、數學符號，以及似乎是一首希臘文的短詩。其中的兩頁被鼠類吃掉一部分，導致邊緣是損壞的，但內容沒有什麼損失。然而，最後一頁被染為紫色，即使在鹼性溶液中小心洗滌都難以辨認。

為確保羊皮紙沒有隱含一些文字訊息或圖畫，朱爾對這些紙張作了光譜分析，結果顯示陰性。

因為這本書可能是一個抄本，而抄寫員也可能有所增補。在這種情況下，對於他們正在尋找的神祕訊息，即使是書頁有一些缺損也是無關緊要的。無論是哪種情況，勞拉與朱爾有個強烈的感覺，那也可能是一種信念，只有兩頁值得注意：第四頁和第六頁，其上有五角星，畫在兩個同心圓之內，這是畢達哥拉斯學派成員互相辨認的符號（參見第 15 章的圖）。

他們開始研究第六頁，在中心處有一首希臘文寫成的小詩。剩下的頁面布滿了花紋，這顯然只是作為裝飾之用。勞拉發現了四行熟悉的小詩：

他是一位具有卓越智慧的人
精通數的祕密．
在所有人之中
他具有最深刻且豐富的智力。

這應該是指畢達哥拉斯吧！他當然符合這樣的描述，但是也有其他的古希臘哲學家和數學家符合這個條件。

兩天後的午後，勞拉突然大聲喊叫道：「我發現了 (Eureka)!」這讓朱爾大吃一驚。「到底怎麼了?」他問，一面轉動著坐椅。

勞拉：

恩培多克勒 (Empedocles)。

朱爾：

他是誰?

勞拉：

這首詩是恩培多克勒一個精簡版著作裡的詩句。

朱爾：

請原諒我的無知，這是什麼樣的詩，恩培多克勒又是誰?

勞拉：

根據亞里斯多德的記載，他是一位前蘇格拉底的古希臘哲學家與詩人，被尊稱為修辭學之父。我剛剛在《提邁歐斯的歷史》(Timaeus' Histories) 第九本書的參考資料發現的：

在這些當中有一件事是崇高無比的睿智；
一個具有神奇智慧的人，
他的心靈充滿著所有的學問。
當他展現他的所有知識力量時，
所有的存在事物他都能輕易看見，
遠至於人類 10 或 20 年的歷史!

提邁歐斯是古希臘的歷史學家，他認為恩培多克勒寫神祕詩句時，心中存在的就是畢達哥拉斯，作者又補充說：

「崇高無比的睿智」,「他探查了所有存在的事物」,「心靈充滿著所有的學問」等等,表示組成畢達哥拉斯的身體、心靈、看、聽與理解,是多麼地精緻微妙與非凡的精確。

朱爾不太熱中地說:

這只是單純地確認我們先前所懷疑的,這些羊皮紙書跟畢達哥拉斯有關。但是問題仍然在於:他們是否隱瞞訊息?在這首詩中我看不出來,它可能只是指涉到畢達哥拉斯而已。

勞拉很高興發現詩的來源,她並沒有感染到朱爾輕微的悲觀情緒,她懷著希望的成分多於信念的心情說:

讓我們聚焦在其他高深莫測的書頁上,我可以確定它是通往神祕的關鍵。

在第四頁中有個精細的圖(參見下圖)。要正確看這張圖,必須將書頁順時針旋轉 90 度。圖形的中心有一個好像是蛇的怪物或者杏仁核中有一條龍。兩端對稱地放置菱形格紋,有一對女性身穿著源自希臘的羅馬斗篷,長度達膝蓋的外衣,是聖者的穿著,其中有一人拿著棍子,另一人拿著紙草書卷。這兩人腳下的兩端都呈現螺旋形的羊角狀,由此生長出具有特殊風格的百合花。

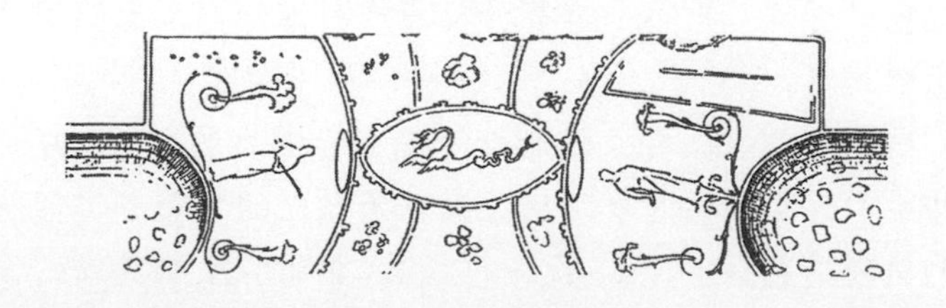

這可能是某個高階祭司在守護著書卷嗎?他們並不這麼認為,這個書卷還沒有重要到那種程度,實際上在圖中它已丟失許多的其他要素。他們轉而聚焦於頁面中間的蛇圖。

他們不知道蛇是什麼時候畫上去的。他們對羊皮紙的年代所作的最佳估計是大約 800 年前，也就是回溯到 13 世紀。原始的圖可能早至西元 1 世紀或更古老。勞拉擁有如百科全書一樣豐富的古代知識，朱爾把她當作指引。

她提醒他：

蛇是一個非常古老與普遍的圖騰，用來象徵知識和智慧。只有等到基督教的時代，蛇才被賦予魔鬼般的特性，並且用來代表邪惡。

朱爾觀察到，圖中兩位女性人物可能是站在蛇前的女祭司，正把祭品奉獻給神聖的動物。朱爾問道：

有哪個特別的學派或教派，以崇拜蛇或使用蛇當作祭典儀式的主要供品嗎？

勞拉：

事實上，有些教派是如此。它們的成員被稱為拜蛇者 (Ophites)，這是從希臘文的 “ophis” 演變而來，它代表「蛇」的意思。這些不同的教派和團體在西元 2 世紀的羅馬帝國蓬勃地發展，然而他們堅信擁有祕密和神祕的知識，這些是無法從圈外得到，也不是建基於反思或科學探究，而必須透過天啟的洞悟。

特別地，Naassenes 這個字來自希伯來文的 “nahash”，這是指蛇的意思，蛇的崇拜與象徵佔有核心的地位。這個基督教的諾斯提克 (Gnostic) 教派的成員，把精神上的龍或蛇作為智慧的象徵，透過它的救贖力量，亞當和夏娃獲得了所有重要的善惡知識，和學到超越耶和華 (Jehovah) 的最高存在。耶和華是他們的創造者，阻制他們去了解有最高存在的事實。

朱爾以沉思的聲調說：「喔！我明白了。」他看起來有點失望。經過幾分鐘後，他才開口說話，他的聲音有點無奈：

> 我無法看出這跟畢達哥拉斯學派有任何關係。他們的知識並不是啟發自任何最高的存在，而是來自畢達哥拉斯的教導，如果他們持有什麼神聖的東西，那也絕對不是一條蛇，而是Tetraktys，也就是將10個點排列成的三角形。我擔心我們走上錯誤的道路。

勞拉並沒有那麼悲觀，她說：

> 不必然是如此，新畢達哥拉斯教派的出現晚至西元2世紀，那個時代的人已經開始厭煩抽象的哲學和枯燥無味的形式主義。分裂出去的新畢達哥拉斯學派很可能已經吸納了拜蛇者教派的儀式，同時又要守住過去的祕密，包括那個宣揚畢達哥拉斯輪迴轉世的祕密。在這種情況下，……

「等一下！」他打斷了她。他綠色的眼睛閃現出一個令人興奮的火花。「也許我們對圖片解讀得太多了。」他說。「我的意思是，我們假定了它帶有某種有待破解的密碼訊息。」
勞拉打斷說：

> 我們當然是如此，我們不是作出結論，說五角星的出現並非偶然，而是要顯示圖片是有目的和涵義的，並且跟畢達哥拉斯相關嗎？

朱爾平靜地回答說：

> 我不是質疑這是個事實，圖片的目的當然跟畢達哥拉斯有關，除此之外，它並不必須要有什麼涵義——至少不是為我們。但是，然後呢？……

> 我想要說的是，也許這張圖只是別處某張相似圖的複製品，那麼這個地方必定跟畢達哥拉斯有關。別管它的涵義了，它的目的是為了引起人們關注那個地方而已。

像陽光穿透雲層，朱爾對圖片的合理解釋突然讓勞拉想通了：「那當然！」她興奮地叫道：「我相當肯定你是對的。」

這雖只是前進了一小步，卻足以讓他們感覺自己取得了一些進展——在此之前的情況並不樂觀。他們每天花費大量的時間在網站上，找尋國際版的一些相關故事。這並不是說他們希望找到的標題為：「一個自稱是古希臘哲學家畢達哥拉斯的人。」他們的語言有些限制：朱爾只有英語說得流利，可以閱讀一些法語，而勞拉會說德語和希臘語。然而，他們想，如果新聞夠新奇的話，當然英文報紙也會刊登。

他們發現圖片指向某個特別的地方，感受初始的熱情之後，他們便毫不懷疑，並且認知到眼前的道路可能既漫長又艱鉅。他們在尋找的這個地方，最大的可能是某個古老寺廟。除非考古探險隊已在某個時候挖掘到此地，否則他們根本沒有希望能找到。即使發現時已成廢墟，在牆上或天花板上的繪畫或圖片，仍會保存下來，情況應該好到可以識別。勞拉試圖尋找樂觀的理由：

> 當 Evans 挖掘到了米諾斯的宮殿廢墟，在傳說中克里特島 (Crete) 的人身牛頭怪物的家，他發現了許多壁畫，可以追溯到西元前 1500 年，其中大部分保存完好。誰敢說我們不能如此幸運呢？

首先他們必須確定的是地點。勞拉心想：

> 如果我們可以在網路上以圖像來搜尋，就像平常搜尋單字或片語那樣，豈不是很好？

但是搜尋引擎還不夠精密，因此，他們只能採用傳統的方法。勞拉多次接觸考古學界和歷史圈的人，在他們的幫助下，她地毯式地搜尋考古探險隊的報告和存檔。由於 Naassenes 教派特別鍾情於蛇的崇拜，這被認為是起源於佛里幾亞 (Phrygia)——在小亞細亞的廣大地區，大致相當於現代的土耳其，她決定開始研究這個地區的考古發掘記錄。

第 18 章
專業竊賊

畢達哥拉斯對飛逝的現象界曾有過驚鴻一瞥，
從而領悟到：數是萬有的根源。

All of Western philosophy is but a footnote to Plato.
所有的西方哲學只是在為柏拉圖作註腳而已。
—A. N. Whitehead—

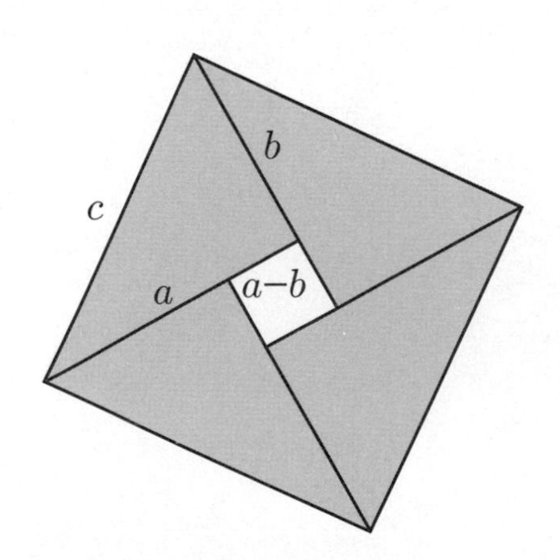

接近一月的尾聲時，特蘭奇從倫敦的一位代理人得到消息說：有一本關於畢達哥拉斯的古老書卷要在拍賣場上拍賣。於是特蘭奇決定派朱爾到倫敦去調查這件事情。他在電話中告訴朱爾：

> 我需要你前往倫敦，到拍賣場看一本正要拍賣的書。你明天晚上就出發，我已經替你預訂飛機票和旅館。瑞西特會給你一個信封，裡面有拍賣場的地址和其他細節。只要你發現了什麼，立刻就打電話給我。

「那當然，」這是特蘭奇在結束電話前朱爾有機會說的話，最後特蘭奇禮貌地說：「祝你旅途愉快。」

兩天之後，朱爾檢查過該書，打電話給特蘭奇，幾乎沒有一點興奮：

> 我相當肯定，在羊皮紙書中的神祕圖案被切割分開來，賣主可能想要分成兩部分出售以提高金額。羊皮紙的外觀、書頁大小與年代都非常相似，更不必提這兩份稿件跟畢達哥拉斯學派有關，而且出土時間大致看起來是相同的。
>
> 這本書是以阿拉伯文書寫的。根據拍賣公告，它最有可能是 12 或 13 世紀的譯本，是從一份更古老的希臘手稿翻譯而來，由畢氏的一位弟子所寫，報告教主慘死的情狀。雖然這個解釋可能會受到質疑，但是不可否認地這本書仍然具有歷史價值，然而它的喊價由 18 萬英鎊開始起跳。

特蘭奇猶豫了一會兒才回應，彷彿做了一些心算，最後他說：「如果它賣了三倍的價錢，接近一百萬美元，我並不感到驚訝的。」接著，他略帶失望又補充說：「這恐怕會遠遠超過我們所能負擔。」

「這並不重要，我們真的沒有必要購買它。」

「你的意思是什麼?」

「我的意思是說，我們所需要的是，找出書裡含有的東西，或者更確切地說，裡面是否含有某種東西，可能有助於我們探索畢達哥拉斯。」

「如果我們沒有這本書，如何才能做到這一點呢？我不認為他們會發行影印本。」特蘭奇難以掩飾他漸漸增長的挫折感。

「他們當然不會，潛在買家可以檢查書本，但不得拍照。他們只有半頁影印本，一份應有內容的簡短摘要，還有一份實驗室的報告影印本，證明羊皮紙書大致的年代。」

「那麼，我們何去何從？」特蘭奇平靜下來，感覺到朱爾可能會想出某個能夠走出僵局的方法。

「那個寫摘要的人是牛津大學的教授，」朱爾開始解釋。在他繼續說時，特蘭奇的印象似乎得到證實。「他一定是閱讀和翻譯了整本書的人，我不知道勞拉，作為他的同行和寫有關畢達哥拉斯這本書的作者，是否可以說服他，跟她分享他所知道的東西。」

「如果他真的這麼做，我會感到驚訝。你比我更了解學術界是如何運作的。那個傢伙想要自己獨得所有的榮耀，因此我們不得不等待數月，直到他寫的有關這本書的文章發表。」特蘭奇的心中飛過一個念頭，他稍作停頓。接著他說：「我有一個更好的主意。嘗試找到那位牛津大學教授，例如他住在哪裡，他是否有一個家庭，諸如此類的事情。他的名字是什麼？」

「艾瑪・高威。」

接近談話結束時，特蘭奇面帶微笑說：「謝謝你，一旦你得到任何訊息，請隨時打電話給我。」他早就想到：「這下胡迪尼可以派上用場了。」

在一個寒風刺骨的 2 月早晨，牛津的上空有著不祥的灰濛雲層低罩，艾瑪・高威正要帶「拖鞋」外出，作晨間的散步，這是他們每天都要做的例行工作，在 6:15 到 6:45 之間進行，有如鐘錶般的規律，除了在生病或極其惡劣的天氣時，才會取消這項活動。

對於高威教授而言，這一段時間很寶貴，他可以反省目前的一些問題或計劃，並且安排一天的工作行程。但是對於狗而言，牠沒有這些人類的牽掛，忙著對牠的同類吠叫，或追逐松鼠，或抬起牠的腿，通常這是牠的一段好時光。

在這個特別的早晨，高威的思緒漂向即將拍賣的畢達哥拉斯手稿。他希望阿什莫爾博物館可以買下它。因為他是牛津大學前蘇格拉底希臘學的權威，沒有競爭對手，所以他可優先研究它，從而確保他是首位發現這段驚人歷史的學者。但是，即使是其他人買了它，他也沒有什麼可擔心的。因為他的註釋翻譯本幾乎快要出版，格林向他保證，拍賣時間是一星期，在這之前沒有人可以接近這本書——除了半頁的影印之外，但這半頁並沒有透露太多的故事。由於他跟大衛・格林的交情良好，使得他可以接觸到內部的訊息，這相當於金融界的內線交易，讓他有罪惡感。但他在心中想，這就是生活，這一次輪到他當幸運之星。

他被牽繩強拉，暫時從思緒中抽離：原來「拖鞋」發現了一隻松鼠，並且對這隻小動物開始作無望的追逐。但只拖了幾英尺後，牠的主人就牢牢地握住牽繩，把狗穩定下來，松鼠飛奔到一棵光禿的樹頂上尋求庇護。當他們轉過角落，高威注意到街道的另一邊停著一輛藍色小汽車。駕駛是一位身材瘦高的年輕男子，約 30 多歲，穿著皮夾克，正專心研究著街道地圖。

擺平松鼠的事件後，高威繼續想著他的事情。本來他可以早一點交出他的論文，但是因為要解讀那本中世紀的書在最後 8 頁裡某些迷人的圖形和符號，論文進度只好停擺，到現在也仍未成功破解那本書。這幾頁已不再是拍賣場上那本書的一部分。它們已被阿方索先生切割下來，後來從他的房間被盜走，總之它們消失了。但是在教堂中發現這本書的方濟會成員，以影印機複製了它，並且高威透過阿方索先生得到消失那幾頁的一個影本。它們的品質很差，使得解釋起來就更加困難。在這些精心設計的圖形和幾何符號中，他希望能找到一些線索，以發現據說是畢達哥拉斯本人寫的紙草書卷的位置。這份文件相當於古代哲學的聖杯，其歷史價值將是不可估算的。他懷疑，不管偷走羊皮紙書頁的人是誰，這個人也可能正在尋找畢達哥拉斯的書卷。

當晨間散步結束後，高威走近家時，他察覺到通往小花園的低矮鐵門是開著的。每次外出時，他總是關閉這扇門。正當他打開前門，走了進去時，開始感覺到有些不對勁：冷風從房子的後面吹來。在一年中的這個時間，所有的窗戶應該都是關閉的。突然有個念頭閃過他的腦海：有人闖入了。他跑向他的研究室，吠叫的「拖鞋」在前面帶路，他發現兩扇窗戶之一是打開的，紙張被冷風吹落，散亂四處。如果不是這樣的話，房間應該有正常的外觀。當他關上了窗戶，他注意到玻璃上有一個完美的圓形孔洞，切割得很乾淨俐落，使得可以從外面伸手進來打開窗戶。本能告訴他，這是一個專業的竊賊幹的。他拍拍「拖鞋」的頭，讓牠平靜下來，然後去檢查其餘的房間。據他觀察，客廳、餐廳、臥室、還有廚房，都沒有丟失東西。他心想，也許是入侵者沒有時間取走任何東西。只是當他又回到他的研究室，從地板上撿起紙張時，他才發現桌子下方的木櫃是空的：他的電腦被偷了。

然後，他仔細地檢查過所有的房間，接著開始研究。沒有別的東西丟失了。高威得到結論：小偷是來偷電腦檔案的，或只是要偷一些檔案，或只偷他（或她）很感興趣的檔案。所有重要的檔案他都有備份，所以這次的損失，頂多只是造成不便而已，唯一不幸的一件事是：他翻譯的畢達哥拉斯的手稿就放在電腦裡面。入侵者是要取得這個資料嗎？遺憾的是，高威不得不承認，他是這麼想的。似乎有各種的可能性，但可以肯定的是，高威並不是唯一要尋找畢達哥拉斯書卷的人。

第 19 章

喬漢娜的幫助

Arithmetic has a very great and elevating effect, compelling the soul to reason about abstract number, and rebelling against the introduction of visible or tangible objects into the argument.

算術具有很強大的提升力量，驅使靈魂對抽象的數作論證，反對在論證中導入可見與可觸的事物。

—Plato—

The whole of arithmetic follows from the process of succession.

整個算術就是源自：由 *1* 出發，不斷地加 *1* 的接續過程。

—E. H. Grassmann—

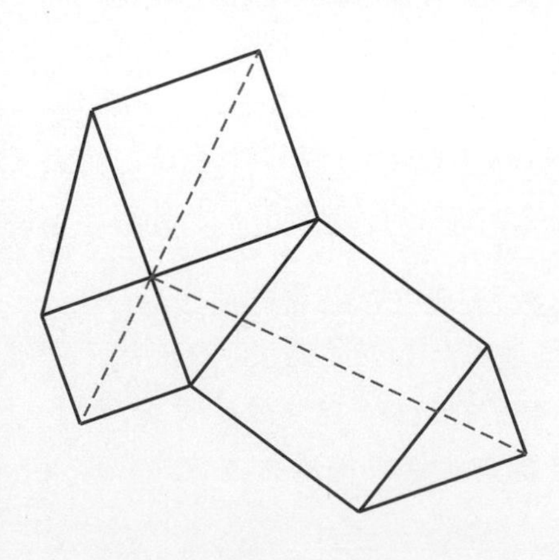

在 1997 到 1998 年的冬季，世界各地出現不尋常的暖和與潮濕等氣候異常，氣象專家歸咎於在東太平洋的暖流所導致，被稱為聖嬰現象 (El Niño)。在芝加哥地區，從春天開始天空就呈現灰色，開始持續著陰雨的天氣，但是在 4 月 15 日上午，當朱爾、勞拉、特蘭奇與瑞西特會面時，共同討論探索有關畢達哥拉斯的工作進展，此時天空卻無一片雲。就在同一天的上午，在一千公里之遙，喬漢娜・戴維森 (Johanna Davidson) 開車從波斯頓到蒙特婁的麥基爾大學 (McGill University) 參加期待已久的數學演講。

他們在神廟的會議室碰面，由最高階權威主持正式會議。在一個橢圓形的桌邊排上 8 個軟墊椅子，就佔據了大部分的空間。在房間盡頭的牆壁上掛著一幅金框的油畫肖像，人物是神祕的 S 先生，他是協會的創始人，開會時他總是當一位沉默的旁觀者，是一位嚴肅，有著白鬍鬚和銳利黑眼的男子。在就座之前，朱爾和勞拉注視著一張圖片，而特蘭奇與瑞西特 (Richter) 坐在他們的對面，對面的兩扇大窗戶灑進的清晨陽光。本次會議的目的是評估情勢，並計劃未來的行動方針。在房間裡心情灰暗，跟外面燦爛的晴朗天氣形成了鮮明的對比。

眼前的工作進展緩慢：儘管勞拉已盡了所有的努力，也多次前往圖書館和博物館探尋，但一直都無法確認蛇的圖像來自何方。她向同事和其他專家尋求協助，並且小心翼翼地不透露她興趣背後的真正原因，但都無濟於事。

唯一有價值的意見是來自勞拉的一個朋友 Frieda Schneider 博士，她是耶魯大學研究諾斯提克教派 (Gnostic) 的專家，進一步支持了朱爾對那張圖的解釋。Frieda 研究過圖案後，寄電子郵件給勞拉說：

> 很有可能，妳的圖片所裝飾的牆壁，正是在舉行禮拜的場所。雖然對於凡夫俗子難以理解，但是對於如 Naassenes 教派的人，這個圖像卻能喚起他們根深蒂固的教義：認為蛇是神靈，應許每一個活著的人都按其天性能夠生活得優雅和美麗。

另一個和 Naassenes 教派有關係的是菱形中包含著蛇，它類似於一個杏仁核的形狀。而一個預先存在的杏仁核，象徵著 Naassenes 是宇宙之父。

缺乏具體的成果並沒有影響勞拉的決心，她仍然盼望她的堅持最終會開花結果。她告訴特蘭奇這麼多：

我從來就不認為這是一次短期而容易的探查，我也肯定不會放棄。Schneider 博士對這件事情特別感到有興趣，除了她和我自己之外，我有兩個研究生也加入這個工作。我的直覺是，我們正在尋找的神廟或神社，19 世紀開始可能已經被德國或英國探險隊發現，但是完整的記錄非常難以尋獲。

特蘭奇再度向勞拉保證：

我們對妳有充分的信心，赫許博士。對於妳的工作，我們從未給妳任何要完成的期限壓力。

瑞西特以平和的聲音附議特蘭奇的話，他說：

當我們雇用妳與戴維森博士時，我們並沒有想到在限定的期間內要得到結果，但是無疑地我們期待著妳團隊努力的成果，最終的結果是：我們會跟教主的靈魂轉世者再度會合。這是必然的結果，我們無法解釋，我們只知道就是這樣。

另一個團隊的工作發展幾乎也沒有令人鼓舞的消息。在胡迪尼的幫助下，儘管他們不同意這個方法，勞拉與朱爾已經得到在倫敦拍賣，由高威翻譯的中世紀古書。根據這位牛津大學教授的看法，這本書是一封阿拉伯文的信，由畢達哥拉斯學派成員之一寫的。除了有關畢達哥拉斯的死亡情狀，信中還提到存在有教主的親筆書卷，但沒有示明它的位置。因此，即使有了教主死亡的新訊息，讓勞拉非常高興，並且打算把它用在她即將出版的新書上，但是這對於靈魂轉世的問題，並沒有真正的幫助。

如果成果微薄，那並不是由於缺乏努力。過去的三個月，勞拉與朱爾把他們所有的才華和精力都投入任務之中。他們典型的一天是這樣過的：當他們那天不外出研究或不追蹤線索時，早上他們必會坐計程車，在 8 : 30 左右抵達瑞西特的住處，然後工作到下午 6 點，他們每週工作 5 天，有時甚至是 6 天。他們在餐廳跟瑞西特一起吃午飯，短暫的休息過後，就繼續工作整個下午。一天的工作結束後，計程車會送朱爾回到旅館，送勞拉回到表姊艾瑪・赫許 (Emma Hirsch) 的住處。她並不是真正的表姊，而是赫許家族一個分支的後代，在 20 世紀初移民到美國。她曾在一家理髮店當美髮師，獨自一人住在北芝加哥一個不大但寬敞的公寓。當艾瑪要她來住時，勞拉欣然接受邀請，她喜歡這樣的安排，更勝住旅館。

在 1998 年 4 月的最後一天，他們經過一天的辛苦工作後，計程車送他們抵達旅館時，朱爾臨時起意，邀請勞拉一起去喝酒。但是她猶豫了。

他堅持說：「來吧！幾個星期以來，我們全都是工作、又是工作，而沒有娛樂。」

「好吧！但是你一定要答應我，不要點威士忌。」

「沒有問題，我從來就不喝威士忌。但是為什麼呢？」

「這說來話長，不提也罷！」

他們下了計程車，進入旅館的大廳，就直奔酒吧。他們點了酒，不久後一個侍者走過來對朱爾說：「你是戴維森先生嗎？有你的電話，你可以在靠近櫃臺左手邊的電話亭接聽。」

朱爾進入電話亭，拿起話筒，沒有關門。「喂，你好。」

「我就知道我會在酒吧找到你。」喬漢娜喜歡逗弄她的雙胞胎哥哥。

「這是碰巧的，我這幾週以來都沒喝過酒，我今天只是剛好來跟同事輕鬆一下。」

她對他的社交生活不太感興趣。「我有個消息——天大的消息要告訴你，」她說。「你有沒有收到我的簡訊？我試著打手機給你，但是你都沒有回我。」

「我知道，我那時手機沒電。妳天大的消息是什麼？」

「這是有關於我正在讀的一本書，《一位天才的生活》，諾頓·索樸 (Norton Thorp) 的傳記。」

「我知道這傢伙，他根本就是一位天才，但這有什麼關連呢？」

「我認為你會有興趣閱讀這本書中的幾頁，然後得出自己的結論。」

「妳不能多告訴我一點嗎？現在我沒什麼心情讀傳記。」

「請相信我，這本書很值得你讀。你的傳真號碼是什麼？」

朱爾給了她號碼，接著他們轉移到其它的話題，特別是最近喬漢娜與 Kevin 持續交往了 9 個月，然後分手的事情。朱爾耐心地聽著，但沒多說什麼。他知道此時最好不要打斷她的訴苦，這比勸告「妳應該這樣……」或「妳為什麼不那樣……」還要明智得多。傾聽的耳朵是他的妹妹所要尋找的。

喬漢娜最終又拉回她原先打電話的目的。「明天早上我會傳真這些書頁給你，保重吧！」於是她就掛斷電話了。這通電話打了約有 20 分鐘。

講完電話，朱爾趕緊再回到酒吧跟他的同事會合。柔和的鋼琴音樂讓勞拉心情輕鬆，閉著眼睛身體靠在椅背上。

「真對不起，讓妳久等了！」朱爾道歉。這讓勞拉從閉眼的幻想中回神過來。「那是我妹妹打來的電話，她住在波士頓，我們不常見面。」

「你沒事吧？」

「哦，是的，只是我妹妹聽起來有點神祕，好像是讀了一本奇特的書，她要傳真給我幾頁，說我絕對要讀。」

「是什麼書?」

「那是一本傳記，有關著名數學家諾頓・索樸的傳記。」

「我聽說過他，去年他來到厄巴納 (Urbana)，在大學作專題演講。在整個校園都貼了布告，你不可能錯過它。這是一場盛事，新聞和電視的大頭條。我還聽說，他是現代的愛因斯坦。」

「我想妳可以這麼說，但他的興趣在數學而不是理論物理學。然而，他的作品已經改變了數學的面貌，就像愛因斯坦的理論徹底改變了物理學一樣。事實上，索樸的數學結果還可以應用到弦論 (String theory) 呢!」

「弦論? 那就太神奇了!」

「這是目前物理學最熱門的論題之一。根據這個理論，物質的終極組成要素是無限小的弦，如弦樂器的細絲形狀，而基本粒子都是微小的弦在 10 維或 11 維空間中的一種振動模式。」

「你完全讓我迷糊了，」勞拉懷著歉意地說。「我想我是一個浪漫主義者，因為『弦』這個字，只會讓我的腦海裡憶起小提琴和室內樂。」

朱爾微笑著直視她的黑眼睛。「妳真是個浪漫主義者，」然後，他輕聲說，「但屬於安靜型，這幾個月在一起工作，我還是不認識妳。」

「這都要怪我以前的生活。當你生活在受監視的環境中，你很快就會學到要盡可能地少談論自己。你不相信任何人，甚至不信任你的朋友。你的感情，你的意見，以及你的消遣，都不要洩露只保留給自己。」

「但是妳已經逃離這種生活很久了，現在妳無需再害怕了。況且，德意志民主共和國已經不存在。」

「是的，我確實已逃離，」她說，眼睛注視著天空。「但是我付出了沉重的代價，我留下我的母親和妹妹，他們也付出了慘痛的代價。」

她的眼睛閃爍著淚光，預告著眼淚就要滑落。

「最終我逃離了，」她重複地說，「但我不是第一次嘗試就逃離成功。」一陣沉默，因為她準備訴說一段痛苦的經歷。「那時我人在維也納參加國際學術會議。我有一個朋友在美國大使館工作，她是我已故父親的一個朋友，是我絕對信任的一個女人。她要幫忙我投奔自由，會議進行到一半，我小心翼翼地離開了會場，這是位在郊區的 18 世紀壯觀的宮殿。我的朋友派一輛車來接我，帶我到大使館，在那裡我會成為一個政治流亡者。當我離開建物時，有一個男人走近我，叫我的名字：『妳是赫許 (Hirsch) 博士嗎？妳的車子在等妳，請趕快。』一輛車子來了，請趕快上車，車子以全速駛離。從坐在我旁邊的人不停地回頭看尾隨我們的另一輛車子，我知道了情況危急。我在心裡做了最壞的打算，當我們終於擺脫它時，感覺輕鬆了許多。但是，就在我以為我是安全的時候，我的心停止了跳動：這不是我想要去的美國大使館，反而到了蘇聯的領事館，顯然有人出賣了我。」

「對於我回到德勒斯登 (Dresden) 的細節，我就長話短說。我被監禁了將近兩年。這是一個關女犯的監獄，但是典獄長偶爾會讓男性人員晚上進來會見無助的囚犯，以換取鬼才知道的那種恩惠或賄賂。有一個晚上，我不幸被選到，給一個兩百磅重的野蠻酒鬼提供免費的娛樂。我只記得，我的大腦允許我記住的是他的噁心氣息，以及當他鬆弛且出汗的臉貼著我時散發著廉價威士忌的臭氣。」

「現在你該明白，為什麼我不要你點威士忌了。」她說著，眼淚已無法控制地流下來。

那天晚上，朱爾回到了房間，他的情緒仍然受到勞拉對他的信任衝擊，他已經忘記了所有關於他的妹妹勸他讀書頁的事，但是在電話面板上閃爍的紅燈告訴他，有一則新的訊息。他聽了留言。這是妹妹喬漢娜在當天下午留給他的，在結尾處有一句神祕的話：「我想我已經找到了你問題的解答。」他心想：「什麼問題？為什麼她要我讀這本書呢？」他想起妹妹先前的電話，但是無法想清楚，也許他喝太多酒了。

他決定，最好等到明天再來理清這一點，於是他就直接上床睡覺去了。

第二天早上，當他到達辦公室時，喬漢娜的5頁傳真，就在眼前等待著他。他在辦公桌坐下來，就開始閱讀。

第一頁是從書中引述的摘錄。作者聲稱獲得索樸姑姑的個人日記，提供這位著名數學家尚未公開的童年和青年資訊；其中有兩則看似超自然的事件，涉及年輕的諾頓一些奇怪和令人費解的行為。

其餘的幾頁闡述了這些事件的性質。第一個事件發生在索樸5歲的時候。有一天晚上，他的姑姑發現他坐在鋼琴邊彈奏古典音樂，琴藝已達到一個成熟鋼琴家的境界，但是在這之前他從未學過鋼琴，甚至未觸摸過琴鍵。第二個離奇的事件發生在大約10年後，諾頓就讀高中時。作者引自德瑞莎・索樸在1979年4月28日的這篇日記：

> 我遇見了Witherington夫人，她是諾頓的文學老師。她和我同樣都被諾頓的優異功課所困惑。她的班專門研究世界文學傑作，從《奧德賽》(Odyssey)中選擇了奧德修斯(Odyssens)遇到獨眼巨人這一章，這是一個神祕的故事，特別吸引年輕讀者。學生都要讀這一章，並且要寫一篇短文的報告。當她讀完諾頓的文章時，發現了一個奇怪的現象：最後幾行看起來好像是毫無意義的塗鴉，但經過仔細的考察，她才意識到「塗鴉」是沒有斷掉的一序列希臘字母，共有六行之多。她認為她知道是怎麼一回事：這是諾頓不很熟練地從一本書抄來的，書裡的詩是英文和希臘文並列的。在面對諾頓之前，為了證實她的懷疑，她把這一頁出示給在大學講授古典語言學的姊夫看。在與同事討論了這個問題之後，他的結論只是更加深了其中的神祕性，這是希臘文沒錯，一般而言它大致對應荷馬的《奧德賽》第6冊中的一段。但是，詩並沒有完全契合他所看到的任何版本。

她為我寫下英文翻譯：

我们來到獨眼巨人族的土地，傲慢且無法無天的族類，把自己的生計交給永生的神，從不用自己的雙手播種或犁田；雖然沒有播種，也沒有犁田，但是所有的作物卻都為他們而生長——小麥和大麥和葡萄皆豐收，飽滿的葡萄串釀造成葡萄酒，因宙斯的澆灌而漲滿。

她的姊夫補充說，更重要的是這段文字是透過古老的希臘字母〔愛奧尼亞的 (Ionic)〕寫成的，字與字之間沒有分隔，而在所有已知版本的《奧德賽》中，最古老的可追溯至西元 10 世紀，而所採用的是希臘化時代的文字或現代希臘文寫成的。因此，在他看來，諾頓的文字絕對不是從任何一本書抄寫來的。

我知道他不是抄寫來的。作弊肯定不是他的天性，另外，他並不需要欺騙，無論如何他總是能夠達到最高的標準。我相信諾頓告訴我和 Witherington 夫人的一切。他做指定的作業做到很晚，結果趴在書桌上睡著了。過了午夜當他醒來時，才睡到床上去。第二天早上，他從書桌上拿起紙張，他相信已經完成了前一晚的文章。他沒再讀一遍就把它交出來。

我無法理解，但我放棄了嘗試去理解。我仍然記得摩里斯 (Morris) 和我在 10 年前就試圖去理解。他是一個超凡的孩子，沒有其他的孩子像他，這是我們對他所理解的一切。

朱爾停止閱讀，然後抬起頭來，低聲對自己說：「令人難以置信!」既震驚又喜悅，他仍然在他的桌子邊，已過了有幾分鐘的時間，他仍坐著不動，但是他的頭輕微的移動著。他打開電腦，觀看一個特殊的檔案。然後，他站起身來，走過房間，到勞拉的桌邊，輕輕地拍了她的肩膀，以引起她的注意。當她轉身面對他時，他很平靜地說：「我找到他了。」

朱爾給勞拉讀索樸的傳記摘錄。當她讀完後，她把手伸向朱爾的手臂，緊緊握住，不發一語——她根本不需多說什麼。

「而且妳知道嗎? 這裡有個線索，一直都在我們的眼前。」朱爾說。

「什麼線索?」

「妳記得妳翻譯的第 6 頁希臘詩嗎?」

「是的，怎麼了?」

「妳確定這是正確的嗎? 我的意思是指，動詞的時態是正確的嗎?」

她在電腦上搜尋檔案，幾秒鐘後，出現在螢幕上：

He is a man of exceptional wisdom	他是一個有超凡智慧的人
Versed in the secrets of number;	精通數的祕密．
One who of all men	所有人之中的獨秀
Has the profoundest wealth of intellect.	具有深刻且豐富的智力。

「是的，這是正確的。我可以說，它是一首忠實翻譯的詩。至於動詞的時態有什麼關係呢?」

「跟原詩不同的是作者的名字⋯⋯」

「作者是恩培多克勒 (Empedocles)。」

「正確。我檢查過了，不像他的詩句是過去式，因為他寫的是在畢達哥拉斯去世後的事情，這首詩卻是現在式。」

「所以呢?」

「所以在羊皮紙裡的這首詩並不是恩培多克勒的精簡版，而是認出現世畢達哥拉斯的一條線索:『他是一位精通數的祕密的人，具有深刻且豐富的智力』; 換言之，他是一個天才的數學家!」

此後不久，一系列的事件接續快速地發生。因瑞西特離開城市，所以他們請特蘭奇來召開緊急會議。當他們提出建議，特蘭奇顯得很激動，不停地重複說著:「太好了，太好了。」

在那個晚上，理事會召開最高階的會議，聽取特蘭奇的報告，並且作出決定。朱爾把他所認為的諾頓・索樸是畢達哥拉斯的靈魂轉世者的有力證據呈現在他們的面前:「一位精通數的祕密的人,在所有人中只有他有深刻且豐富的智力。」這正是對天才數學家的適當描述。一個小男孩從未碰過琴鍵,卻能流暢地彈奏鋼琴,彷彿是在出神狀態下彈鋼琴——教主是一位精湛的音樂家:那一晚不就是他的精神指導年輕諾頓的小手嗎?最後,那段以愛奧尼亞字母不分離的方式寫成的希臘文,在西元前 500 年,只有一位受過教育並且熟悉荷馬史詩的希臘人才能寫得出來。

「我知道,這三個要素中的任何一個證據,都沒有足夠的理由得到我們所要的結論。」特蘭奇坐在橢圓形桌子邊對周圍的人說:「但是將這三點合在一起就能構成有說服力的證明,可以得到我們預期的結論。」

他們投票的結果是,一致贊成特蘭奇的建議,從而就有了第二階段的計劃:由洛磯 (Rocky) 與胡迪尼策劃並且執行,目標是要把「索樸—畢達哥拉斯」帶到理事會的面前來。

第 *IV* 篇
畢達哥拉斯的使命

在 *6 B. C.*, 古希臘出現了如此動人一幕: 在舞台上來了令人期待的一個交響樂團, 恰好調成同一音調, 但每個演奏者都只沉迷在各自的樂器裡, 聽不到別人叫春的聲音。然後, 一陣戲劇性的靜默, 突然有一個指揮家走上舞台, 他用指揮棒敲擊三下, 於是從混沌中就開始發出悠揚的美妙音樂。這位偉大的指揮家就是出生於薩摩斯島 (*Samos*) 的畢達歌拉斯。他對人類思想與命運的影響, 大過在他之前與之後的任何一個人。

—Arthur Koestler—

第 20 章
條條道路通羅馬

The mind is not a vessel to be filled, it is a fire to be kindled.

心靈不是有待填鴨的容器,而是有待點燃思想的一把火。

—Plutarch—

A sine qua non for making mathematics exciting to a pupil is for the teacher to be excited about it himself; if he is not, no amount of pedagogical training will make up for the defect.

要讓學生對數學感動, 一個必要條件是教師先要對數學有所感動; 若缺此, 那麼教師接受再多的教育理論與教學技巧的訓練都於事無補。

—R.L. Wilder—

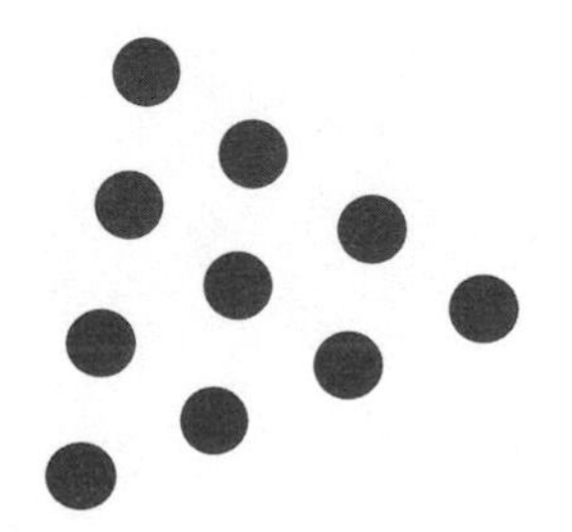

在 1998 年 5 月中旬，高威得到了學術界的確認，他翻譯的畢達哥拉斯手稿已經被著名的〈古代哲學和歷史期刊〉接受，並且準備要發表了。至於原手稿已在拍賣會場上，由一個匿名的收藏家以 42 萬英鎊買下來。由於不知道它的新主人是否打算將它捐贈給博物館或圖書館，這給高威帶來了一些問題，他不能把它放入他的文章中，當作翻譯的主要來源。

他無法破解古書中最後 8 頁的祕密，他只擁有此書影本的影本（隔了兩層），所以品質很差，但是論文被接受讓他感到滿意，這總算緩和了他的心情。他翻譯了第 6 頁的詩，並且得到結論：它指涉的就是畢達哥拉斯本人。這是他能夠聲稱的有所進展。他很感興趣的是，在第 4 頁上的插圖，顯示一條蛇和兩個女性人物，但他看不到任何與畢達哥拉斯學派相關的東西。然而其餘的頁面，包含花紋、數學符號和幾何圖形，這些似乎跟畢達哥拉斯的紙草書在何處都無關，因此有關珍貴書卷的線索已經冷卻下來了。

高威對於紙草書沒有結果感到失望，所以把注意力轉向他已故父親的回憶錄。顯然，老人把未完成的書稿委託他的這位小兒子，知道可以指望小兒子來幫忙他完成寫作和出版工作。

事實上，老高威已經完成了大部分的工作，留下了第 1 章至第 14 章的第三次校稿的列印本。艾瑪校對後，發現只需作些微的修正和補充就好了。一些加標籤的註記提醒作者要特別留意檢查的事實、要插入的相片等等。其中，在第 7 章中的註記引起了艾瑪的注意，上面寫著

新畢達哥拉斯大教堂 1935–38 年——在這裡插入兩張圖。

這個特殊章節涉及一座非常古老的地下教堂的挖掘工作，教堂位於羅馬的歷史中心，而歐內斯特・高威 (Ernest Galway) 也參與其中的工作。他寫著：

> 這棟大樓是一個巨大的拱形大廳，具有玄關的長方形會堂，大約是長 15 公尺，寬 9 公尺，高 7 公尺，還有後殿和三個通道是以支柱分隔。它被發現於 1917 年，位在羅馬—拿坡里 (Rome-Naples) 鐵路線的路基下方一個滑坡，但是到了 1935 年才開始被認真的挖掘。
>
> 建築物的裝飾都經過精心的設計，如牆、拱形的天花板和後殿，覆蓋著保存完好的灰泥浮雕，其中的主題有神話的成分、犧牲和祭祀的對象，以及復活與來世的象徵，所有這一切都表明，在羅馬帝國昌盛時期，這棟建築的使用者是神祕教派的追隨者。
>
> 從這棟建築物的混凝土特性來觀察，它不包含任何片段的瓷磚，並且從天窗上方的柱子是使用凝灰岩的磚塊，我們可以論證說，它實際上是早在西元 1 世紀，而不是如一般相信的是 2 世紀建造的。Clermont 教授提出另一種說法，他認為應該是較早的日期建造的，因為整個裝修完全符合希臘的精神，而沒有來自占星術的圖案。因此 Clermont 主張，這棟建築可能是新畢達哥拉斯學派聚會的場所。

高威的好奇心被因此激發出來了，他看到盒子裡面標記著「1935–38」。盒子裡有照片、圖畫和雜項記錄。由圖畫背面的銘文（地點、日期等），他很容易就找到那些標記有「新畢達哥拉斯大教堂」，總共有 6 個，其中有一個特別精細的繪圖讓他的心跳加速：它是灰泥淺浮雕，一條蛇在一個長方的菱形內，兩側是一對匹配的女性形象——這分明就是畢達哥拉斯書卷裡神祕的插圖，讓他內心得到強而有力的啟示：畢達哥拉斯自己手寫的紙草書卷，應該就藏在這個教堂的某個地方。

從網路做了一些研究後，他了解到新畢達哥拉斯的教堂，是在世界古蹟關注的名單中，將會經歷重大的修復，並且不對外開放。建築物結構的勘察也正在進行以確定各種問題，例如水滲透的問題和老舊的通風系統，這些都有利於細菌在多色的表層上生長。

高威開始為羅馬之行做準備。為此他不得不取消受邀在慕尼黑舉行的國際會議上的演講，並且安排請人照顧「拖鞋」。然而，最重要的是，他的搜索行動必須獲得義大利官方文化遺產部門的許可。根據他的經驗，要跟世界各國的官僚機構打交道，可能要花費數週甚至是數個月的時間。幸運的是，透過一個共同朋友的牽線，他認識了年輕的副部長 Dottore Luigi Pisano。

為了索取相關的文件，高威發出一封電子郵件給 Pisano，很快就得到了如下的答覆：

親愛的高威教授：

挖掘羅馬考古遺址的許可證，不是我管轄的，這是羅馬考古監管局職掌的業務。請你向他們申請，必須陳述你挖掘或找尋的標的、需要多長的時間（每年最多六個星期），再附上工作團隊的名單與預算。

如果你直接寫信給挖掘部的主管 *Signore Ettore Calabrini*，順便提到我的名字，會幫到你一些忙，你的申請案件可以安排成為快速作業的管道。

高威在心裡想著，好個義大利的繁文縟節啊，他想著如何操作正確的槓桿，也許事情就能夠順利進行。

他不確知這是否為一個好主意：把他對大教堂的興趣，其背後真正的動機告訴義大利人。他擔心別人可能捷足先登，奪去了他最先發現這種無價文件的光環。但是要採取突擊式的操作以發現紙草書卷，然後從一個國家偷運出來，這並沒有其他的方法，除非是透過官方的管道。

他一直考慮著，當申請義大利的許可證時，是否要透露他的真實意圖，此時他正好接到哥哥約翰的一通電話，這是有關於繼承他父親的遺物，需要簽署一些文件。他還沒有對任何人提到他的發現，現在情不自禁對他的哥哥傾訴。他告訴哥哥說，他感應到紙草書的位置，以及他憂慮透露太多訊息給義大利人知道可能是不恰當的。

他開玩笑地說:「在沒有許可證之下，我甚至想要半夜來偷取紙草書卷，這是一個值得勇敢的考古學家冒險的任務，彷彿是電影中的情節……」

「法櫃奇兵。這個主意不壞啊，是可以做到的。」

「你不是認真的，是嗎?」

「我當然是認真的，我知道有些人在波哥大（Bogotá，哥倫比亞的首都）專門從事這類勾當，他們在世界各地都有『分支機構』。這種方法不必花費你很多的錢，而結果卻可以保證，並且具有絕對的自主權。」

艾瑪並不太驚訝於得知他的哥哥約翰跟黑道有來往。約翰開採翡翠寶石的業務，即使在不偷運寶石出國門的情況下，為了保護叢林中的礦場，往往都需要採用一些非法的手段，以及雇用具有特殊身分的人員。

「你是建議我去偷取紙草書卷嗎?」艾瑪難以置信地問。

「其實，我只是想說借用一下而已。」

「你是什麼意思?」

「我的意思是說，假設你是那個發現它的人，如果它是如此的重要，那麼你就臉上添光了。然後你讓它回歸其合法的擁有者，那就皆大歡喜。」

艾瑪打斷他的話，拒絕再聽下去。「謝謝你的幫助，但我不會把名聲賭在齷齪、見不得光的陰謀上。」

「沒問題，這只是一個建議。」約翰並沒有真正要艾瑪按照他的計劃去行事。他接著換了話題，補充說:「不要忘了盡快把簽名的文件送給哈里斯 (Harris) 律師。他會轉交給地產代理商。祝你跟義大利人打交道有好運氣。」然後就掛斷了電話。

艾瑪・高威從不吸煙，他只是適度的飲酒。以 64 歲的年紀來說，他的身體狀況還相當不錯，事實上他在成年後的身體狀況一直都是如此。

他擁有一個匀稱的身材，只是腰圍稍微的隆起，還有強健的手臂，這是他在年輕歲月熱衷於運動所累積下來的資產。同時，他也是牛津大學划船俱樂部的活躍成員，現在他仍然偶爾去划船，但他的主要運動是大量的健走，並且嚴格遵循健康飲食的原則。

對於他要採取新方法來搜索畢達哥拉斯的手稿，他的良好體格無疑扮演了一個重要條件。他還是認為紙草書藏在羅馬某個教堂的某處，並決心把他的直覺付之測試，但他不再打算申請搜索建築物的許可證，至少目前暫時不考慮。自從他與約翰通過電話後，他有一個更好的計劃慢慢浮現出來。

透過〈世界歷史遺址觀察計劃〉(World Monuments Watch) 所刊載的資訊，他輕易就可以得到教堂的詳細資訊（例如設計圖、照片等等)。高威對於保存古蹟的實踐所展現出的專業興趣，使他很高興看到在建築物的各個地方都搭建起鷹架。

他選擇開始進行工作的日期是：6 月 17 日（星期三）的晚上。理由是他想提早兩天到達羅馬，於是 6 月 15 日星期一，他便搭上往羅馬的班機，離開倫敦希斯洛 (Heathrow) 機場。這是基於一個很好的理由，因為此時正好是在法國的蒙比利葉 (Montpellier) 舉行世界盃足球賽，義大利隊與喀麥隆 (Cameroon) 隊作最後一場的決賽。這並不是高威對足球賽或義大利隊有興趣，而是看準這個時間點，在羅馬的每個人都在為足球賽而瘋狂。因此，從晚上 9:00 球賽開球，到晚上 11:00 左右吹哨聲響起比賽結束，這段時間羅馬的街道很冷清，整個城市癱瘓，從在家的人到餐館的廚師，再到值班的警察，每個人的眼睛都黏在電視機上觀看這場比賽，此時最適合高威展開行動。

15 日的午後不久，高威從倫敦的希斯洛機場起飛，經歷一趟平順的航程，抵達羅馬的達文西機場。那時要叫一部計程車不是問題，因為有好多位司機爭相拉客：「計程車，到城裡的計程車，請到這裡來。」

他預定了兩層樓旅館的一個房間，位在歷史悠久的羅馬市中心，面對尼羅 (Nero) 的渠道，距離教堂只需走一小段路。他為此行所提出的公開理由是，要到梵蒂岡圖書館看一些考古記錄，但是他在羅馬的真正目的是，為了要到新畢達哥拉斯教堂的大殿尋找畢氏書卷。

當天下午，他住進旅館後，再到附近的飲食店吃過清淡的午餐，然後就趕到 Porta Maggiore 去勘察地形。

在介於 via Penestrina 與 Scale San Lorenzo 兩街之間的 Porta Maggiore 廣場，旁邊矗立著一堵矮牆，它的磚布滿著發黑的灰塵和污垢。這堵矮牆支撐著羅馬一拿坡里鐵路線的高架橋。有一扇門隱藏在牆上一個凹槽裡，對那些經過此地的人並不顯眼。越過這個門，有一個向下的樓梯，下方約 10 公尺處就是鐵軌，有一個入口直通到所謂的新畢達哥拉斯教堂，雖然不是原先的入口，但是此入口尚未被探索。

高威主要關心的是門鎖。他若無其事地沿著磚牆走，看起來就像一般的遊客。當他走到門口時，停了下來，以天真無邪的好奇心檢查了一會兒，甚至轉動旋鈕，並用力推了一下。門是鎖著的，但他看出這個鎖是一個標準型的，而不是無鑰匙型的，讓他鬆了一口氣。他心想，這個地方沒有理由要加強安全維護吧! 整棟建築是空蕩的，除了有一些鷹架，既無追尋成名的塗鴉藝術家，也沒有文物破壞者，會有興趣在這樣的黑暗和人煙罕至的地方炫耀自己的才華或做出蔑視社會的事。

高威勘查此地到令他滿意為止，下午剩下的時間，他都花在觀光羅馬的歷史街區。他很好奇，是否那些羅馬帝國過去的輝煌遺跡，如鬥獸場和集會廣場，在展開新生命來吸引觀光客之前，已經取得了所有的祕密。他認為也許不是，因為羅馬廣場的所在地還在挖掘，有幾個地區對公眾仍然是不開放的。

他將星期二的最佳時段都花在梵蒂岡圖書館，因為他以前來此訪問過，所以他已經取得了通行證，讓他可以接觸圖書館的藏書。現在的圖書館是在 1450 年從教皇尼古拉五世 (Pope Nicholas V) 開始的，只有幾百卷的拉丁文手稿，但目前儲藏有超過 150 萬冊的書籍和大約 15 萬冊的手稿，擺置在 60 公里長的書架上。

雙殿的主閱覽室擁有美麗的壁畫，以及裝飾的天花板，佔據了所有空間，卻幾乎聽不到任何的聲音。他找到一張空椅子，坐在一張桌子邊，介於穿著褐色僧袍的修道士與一位戴眼鏡的年輕男子之間，修道士埋首於書堆中，而男子帶著筆記型電腦。高威是一位熱愛書籍的人，從感性到知性的書都同樣吸引他，對於一些圖書館珍品，他都不會錯過任何握在手中的機會。他挑了一本有關 15 世紀羅馬廢墟的華麗圖文書，其中滿是教皇祕書和業餘考古學家 Poggio Bracciolini 的調查，可謂文藝復興時期考古挖掘及城市修復工作的前驅。

當他在傍晚提早離開了圖書館時，高威對他的計劃感到樂觀。他還感覺肚子餓了，在 D-日❶前夕的最後一次晚餐，他決定來個典型三道菜的義大利餐。

經過一番搜索，他選擇了聖彼得大教堂廣場後面一個戶外用餐區的一家小餐館來用餐。他將菜單擺放在一邊，高興地按照服務員的建議來點菜，服務員是一個矮胖的人，頭髮烏黑又有光澤，他接受點菜而無需寫下來。因應高威的要求，點了一些道地的義大利食物，但他在事先就說明了沒有「義大利食物」這回事，但有地方風味的美食。

高威在義大利的盛宴，主菜是火腿加冬瓜，接著乳酪和辣椒，蕃茄調味小牛肉卷，半升的白酒。甜點端上來的時候，他已經吃得夠飽了，但是這並不能阻止他再吃完美味甜點，這是傳統的拿坡里糕點，是用甜酒浸泡並且淋上鮮奶油。

他坐上計程車就睡著了，抵達旅館時司機必須喚醒他。他熟睡到午夜，夢見他是古羅馬時代的一個貴族，正在舉辦晚宴。

前兩天無情的炙熱太陽，在發白的藍天照耀著城市，但今天卻不同，上午是個氣溫低涼的陰天。高威睡晚了，只好在自己的房間裡用早餐：橙汁、烤麵包片、果醬、茶。這些幾乎就是他平常在家裡食用的早餐，但唯一缺少的是粥。

---

❶ D-日 (D-day) 是指作戰或行動發起的那一天。最著名的 D-日是第二次世界大戰期間，1944 年 6 月 6 日的諾曼第登陸。

由於他的計劃越來越接近付諸執行的時刻，他感到越來越不安，於是決定搭觀光巴士遊覽附近城鎮 Tivoli 來打發時間，此地有 2 世紀以來保存完好的 Hadrian 皇帝的別墅，以其壯觀的花園而聞名。遊覽結束後，他回到了旅館，想小睡一會兒，但根本無法入睡，他只好強迫自己躺在床上。傍晚七點鐘起床後，他打開百葉窗，從二樓的窗口向外眺望，此時天氣不穩定，厚重的灰色雲層布滿天空，而樹梢被陣風來回地吹著，看起來就要下雨了。他在心裡想著，這還不錯：天氣越令人討厭，街道上的行人會越少。

他並不餓，或是由於太緊張而不覺得餓了，於是他決定跳過晚餐，開始收拾所需的物品：工作服，頭燈，田野考古工具（鏟子，刷子等），數位相機，和急救包，一切都妥當放在小背包裡面。然後，他打扮成好像是要到一家豪華餐廳赴晚宴的模樣，只不過他穿著厚重底的鞋子，並且在襯衫裡面穿著羊毛衣。

他在 8:45 來到樓下，在一個緊臨著大廳的小房間裡，有幾個客人和櫃臺服務人員聚集在電視機前觀看足球賽。服務員瞥見高威溜出來，問道：「高威先生，你不觀看球賽嗎?」

他回答說：「我恐怕是沒時間，因為我有一個晚餐約會。」他盡可能裝出若無其事的樣子。在走到外面之前，他轉過身來，熱情的大叫「義大利隊加油!」彷彿他是義大利足球隊的球迷。

天氣依然險惡，但終究是沒有下雨。高威沿著牆壁走向門口，步履輕快，左手提著背包。在他身邊的街道沒有一個人，此時交通流量極少。在要通過 Penestrina 街道時，正面對著他的是一輛車因紅燈而停下來，還有單獨的一輛幾乎空空的巴士在馬焦雷門附近迴繞。當他的右手接觸到門的把手時，他可以感覺到心臟都快要跳出來了。他轉動把手，推開門，這是一個通向黑暗的通道，幾乎沒有刺眼的街燈照明。高威趕緊走進去，隨後關上門。在漆黑中，他仍然一動也不動地靠在門上，試圖好好喘氣一番。

他計劃的第一部分做得很完美，這要感謝他的哥哥約翰為他做了必要的安排，在當晚叫一位「專家」來開鎖，並且為他清除到教堂之路的障礙。

幾分鐘後，他已經準備好要採取行動了。那個地方潮濕且悶熱，他伸手從口袋裡拿出手電筒並且打開開關，以一束白色的光掃視他面前的空間。狹窄的通道大約 20 英尺，遠處盡頭有一堵磚牆，在他右手邊可以看到一個往通道的樓梯入口。

他換裝成工作服，戴上頭燈，背起背包，左手扶著牆壁，開始慢慢下樓梯。他小心踏在光滑的表面上往下走，直到他著地，此時這個樓梯改變了方向，再經由另一個樓梯往下走後，他到達了地面，他站在古老教堂潮濕的地板上，鼻孔和肺部瀰漫著發霉的空氣，他正在地底通風不良的建築物裡。

首先他檢查地板，這是一個鑲嵌的地板，大部分都被保存下來，只缺了幾個矩形空塊，顯示那是最好的部分，上面可能原本是一塊繪有特殊圖形組合的嵌板，但已經被拆了下來。

其次，他用手電筒朝向各個方向與天花板照射。他很小心地移動著，勘查整個房間。建築物為長方形，面積約有 15×10 平方公尺，拱形天花板的高度約有 7 公尺。它的結構是早期基督教最普遍的那種長方形會堂的形式：中殿通道旁有兩排的支柱，有一端是前廳，另一端是拱圓形的屋頂。這個地方有豐富的彩飾品：牆壁、天花板和柱子都有粉刷過的淺浮雕，從神話故事到象徵復活與來世的圖案都有。而主房間全都粉刷為白色，前廳有龐貝紅的護壁，裝飾著花與鳥的圖案，正方形的天花板上塗著藍寶石的藍色。

然後，他看到它了，在介於兩根柱子之間的拱形表面，有一個蛇形的圖案，在手電筒光束移動之下它的陰影也跟著變化。畢達哥拉斯書裡的蛇形原圖就在那裡，蛇形圖案的兩側呈現出的兩個女性人物，曾經長期困擾著他。如果他的直覺沒錯的話，要找到畢達哥拉斯本人手寫的紙草書應是不遠了。

然而，幾乎就在一小時後，精疲力竭、心灰意冷的艾瑪・高威，他的衣服潮濕且髒兮兮，心裡開始想著，他精心策劃的搜索行動很可能會以失敗告終。

他設想紙草書是藏在一個孔洞裡，就在代表古代書籍的蛇浮雕附近。在當時羅馬的建築具有一個共同的特色，柱子和拱門是以粗磚塊來建造，質地是火山石，多孔凝灰岩。他檢查磚牆周圍和附近的淺浮雕，發現有一些特定的標誌或奇特的地方，可能顯示背後藏著寶藏，但終究沒有發現有什麼特別的東西。

當他遇到灰泥粉刷的裝飾物時，就會用他的小鏟子的把手在裝飾物的四周輕敲，如果聽到空心的聲音，那就表示裡面可能有個小空間或在裝飾物的底下有一個小空室；他其實也知道用這麼原始的方法偵測牆間空隙，最多不過是亂槍打鳥罷了。

為了到達柱子的上部和拱形上方的牆壁，他攀登到其中的一支鷹架上，這是在整修過程中，因缺乏資金而中斷，所遺留下來的一支。在不平與泥濘的地板上，推動著沉重的鷹架，把它放到正確的位置，這需要大量的體力，所以完成操作後，他只好停下來休息好幾分鐘。

他感到疲勞，這無疑是他現在越來越沮喪所致。他在有點腐爛潮濕的木箱上坐了下來，斜靠在一個支柱上，考慮著他接下來要做的工作。

同時，在蒙比利葉的 La Mosson 體育場，喀麥隆隊證明實力頑強難摧，義大利隊難以突破。然而，在第 7 分鐘，Luigi Di Biagio 終於得分，僵局突破，比數為 1-0，義大利隊領先，然後進入下半場。但是，喀麥隆隊在 Samuel Etoo 的帶領下，發起攻擊，眼看著義大利隊的防守就要被突破，這迫使義大利隊的守門員 Gianluca Pagliuca 執行特別的防衛戰術，以保持他的球隊領先。

回到地下的教堂，高威思索著可行的策略。紙草書隱藏在蛇形浮雕的背後嗎？只能對牆壁打洞而別無他法，但這會對 2000 年精工雕琢的建築物造成難以彌補的損害。他怎麼可能忍心破壞古羅馬現存最古老的浮雕，只是為了驗證自己的一種預感呢？處在他目前的條件下，擴展搜索建築物的其他部分，是沒有吸引力的替代方案。他看了手錶時間顯示為：10 : 15。

他低下頭來，幾乎就要承認失敗了。這時頭燈的光束以特定的角度照射到面前地板的支柱上。如果角度略有不同，他永遠也不會看到他做了什麼。他的眼睛注視著空間有一段時間，突然集中到光束照射的地點，他跳了起來，在支柱的一邊，他跪在散布著老鼠屎的地面上。但是他看到的影像卻消失了，一時之間還以為自己產生了幻覺。這一次他用他的手電筒，指向地基上支柱旁的一塊磚，稍微改變光束的角度，他之前見過的圖案又出現在眼前，簡直是不可置信：幾乎難以察覺的 10 個小點，刻在石頭上，並且排成一個三角形的形狀，象徵著「完美的 10」(Tetraktys)，這是畢達哥拉斯學派的神聖記號。受到兩千多年的侵蝕，只消除了石頭上圓孔的一小部分，但是卻留下足夠的蹤跡，在訓練有素的考古學家眼裡，已經足夠辨識它們。

他不再感到疲憊，把手伸進他的背包裡取出鑿子和錘子。儘管是在不舒服的蹲伏的姿勢下，他瘋狂地工作，首先把石頭敲得鬆動，然後移開比鞋盒略大的一塊石頭。這塊石頭是嵌在一個長方形的石板中，他毫不費力地移開石板，底下出現平坦的沙質表面。

他大汗淋漓，興奮地期待即將到來的高潮，他把抹泥刀插入濕潤的沙子裡。抹泥刀只插進一半就遇到堅硬的表面。埋在沙子裡的是一個陶土罐子或酒壺，表面塗有蠟，側躺著。它的封口蓋著一塊布，緊緊地用繩子綁著。

他從沙堆中取出罐子並檢查。罐子是橙色的並且相當重，寬廣的雙錐體，有一個手柄，寬大的圓柱形頸部。他沒有取出皮尺，就估計它的高度約 40 公分。他用刷子清除積沙，然後用刀子在各處切斷繩子，直到封布鬆脫。他小心翼翼地移走封布，讓繩子仍然附著在其上。

罐子似乎充滿了沙子，這就是它很重的理由。他用顫抖的手，慢慢地將罐子傾斜。什麼也沒有看見，內部的沙子太緊密。在刀子的幫助下，他鬆開了沙堵。然後，他用雙手將容器倒過來，用力搖晃它，直到沙子終於開始流出來。

在罐子內除了有沙子之外，還有別的東西：古人用來保存紙草書卷的一個金屬管。他心想，裡面就是他來此地要找尋的東西。這個金屬管，實際上是一個圓柱體，顯然是鉛製成的，裡面緊緊地塞著更短的一個東西當作封蓋。封蓋的周邊都是黑色的物質，可能是用來密封容器的瀝青。兩者緊密黏在一起，他用刀子加上多次旋轉和拉扯，才取下蓋子。管子內部的東西，看起來像一張捲起來的報紙，只是更短。他用他的小鉗子輕輕地夾著，慢慢把它取出來。這是一個紙草卷，鬆鬆地捲著，在 2500 年後仍然奇蹟般地完好無損。

在教堂地板上方 15 公尺的地方，羅馬城爆發出歡欣的狂叫聲，雖然不是慶祝高威的發現。在蒙比利葉 (Montpellier) 的足球賽，前鋒 Christian Vieri 在 75 分鐘後得分，給喀麥隆隊致命一擊，義大利球迷放下心來。義大利的前鋒重複著先前的壯舉，又在 14 分鐘後，以 3-0 的比數，讓義大利隊戰勝了強大的非洲隊。

時間是 11 點一刻，艾瑪・高威迅速關上大門，走進街道，把教堂留在他的身後。在他的背包裡，帶著他骯髒的工作服和工具。至於珍貴無比的紙草書卷，他只看了文本的第一行，因為打開它而沒有適當的防衛措施，可能會嚴重破壞它。紙草卷正如他的預期，讓他感到很滿意。他對紙草卷以及其藏身處拍了一些照片，然後就把它回復原初的樣貌，並且盡可能覆蓋掉他夜間探訪這座古老教堂所留下的所有痕跡。

走上回旅館所在的街道，先前是那麼的安靜，而現在則是充滿著熙熙攘攘的活動。一輛汽車插著義大利國旗，飄盪在風中，載著一群瘋狂的人，從他的身旁呼嘯而過。在鄰近的街道，酒吧和咖啡館擠滿了興高采烈的足球迷，司機不停地按喇叭，慶祝義大利隊的勝利。高威心裡想著，熱烈的慶祝活動可能會持續到深夜。這種氣氛正適合他目前的情境，因為他也有值得慶祝的大事。

第21章

綁架數學家

Wherever there is number, there is beauty.

有數的地方就有美。

This, therefore, is mathematics: she reminds you of the invisible form of the soul; she gives life to her own discoveries; she awakens the mind and purifies the intellect; she brings light to our intrinsic ideas; she abolishes oblivion and ignorance which are ours by birth.

因此，這就是數學：她使你憶起靈魂中不可見的理型；她給發現賦予生命；她喚醒心靈並且淨化頭腦；她給內在觀念帶來亮光；她消除我們與生俱來的健忘和無知。

—Proclus—

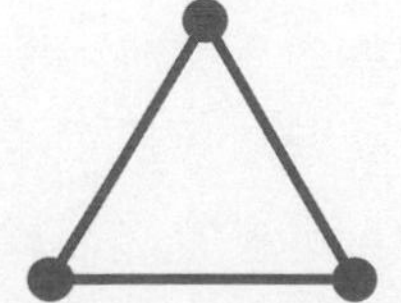

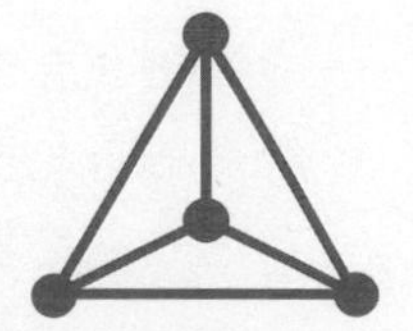

胡迪尼 (Houdini) 的床頭鐘顯示著 11 : 20 p.m.，更多人稱呼他吉姆 (Jim)。他的背部躺在床上，和著衣服，雙手緊握，放在頭的下面，回想著當天發生的事情。本來應該是可以順利執行的事情，卻演變成一個複雜的燙手山芋。他可以責怪洛磯 (Rocky) 處理 T 先生 (即 Thorp) 的事不當，但在這一點上責怪他有什麼用呢?

胡迪尼想起不到一個星期前，在特蘭奇 (Trench) 醫師辦公室的會議。那時特蘭奇醫師強調，長久以來工作的重要性，教派內的人員最期待的那一刻，就是他們將與教主的靈魂轉世者會合。最近以來，經過持續多年的搜索，他們已經確認教主的靈魂轉世者就是諾頓・索樸，他目前居住在紐約，是一位著名的數學家。

但是索樸博士並不知道他這個真實身分。特蘭奇醫師再向他們解釋，索樸的天命是當一位精神領袖。如果胡迪尼和洛磯能夠成功地把他帶到神廟，將證據交給他看，再加上追隨者的衷心奉獻，最終一定能夠說服他成為他們的教主與領航者。

特蘭奇醫師告訴他們:「在任何時候索樸博士都應該被尊為一個神聖的人物。」眼睛直接注視著洛磯，好像這是對他的特別建議，他再說:「利用說服的方式是首選，不得已才採用脅迫作為最後的手段，但是必須在極度克制的條件下進行。」然後，他遞給他們一封寫給索樸的信，解釋這整個情況，邀請索樸到神廟跟他未來的弟子們見面。

然後胡迪尼回憶導致他們目前陷入險境的事件。

一大清早他們的小型貨車停在索樸位於曼哈頓寓所的對街。當他在中午時分走出房子時，他們就立刻穿過馬路去靠近他。

現在胡迪尼以倒帶的方式在他的頭腦中播放實況，以及他事後在電話中描述給特蘭奇聽的情況:

> 當洛磯抓住索樸博士的手臂時，那是他犯的第一個錯誤，此時我告訴他說最好安靜地跟我們走。當然這傢伙心慌了，他認為這是意圖搶劫，所以我說的話他一個字都聽不進去。
>
> 當洛磯用一隻胳膊抓住他並且把他從地面舉起來時，事

情變得更糟，因為這一切都被警衛看在眼裡，那時警衛正在用手機打電話給警察。我們別無選擇，只得趕快逃離。洛磯拖著索樸博士，把他推進車內，他的大手掌緊緊壓在這個可憐的傢伙的嘴和鼻子上，讓他幾乎快要窒息。一進入車內，我們就用膠帶封住他的嘴，並且用繩索把他綑綁起來。這個時候路人開始注意車輛周圍的情景。幸運的是，由於車子有車窗貼膜，所以他們看不到車內發生了什麼事情。

我快速把車子駛離現場，盡快併入車流之中。我在想：我們必須丟棄小貨車，因為警察對我們車子的特徵，已經從警衛那裡得知得一清二楚。

然後他們越過哈德孫河 (Hudson)，進入紐澤西州，到了 Paterson 附近，準備住進一個偏僻的汽車旅館，遠離 80 號州際公路。洛磯與索樸待在小貨車裡，而胡迪尼到櫃臺要求一間雙人房，附兩張床，「隔音要好一點」，並且事先支付了旅館費。

在他們困難的情況下，有一個值得注意的地方是索樸的行為產生變化：經過最初的抵抗後，現在他平靜下來了，好像是接受了他的命運，至少是暫時的，他乖乖地走出小貨車，然後進入旅館裡。這是否是因為胡迪尼向他保證，他們並無惡意，實際上他是他們的客人，實在很難說。

經過查驗後進入旅館房間，他們把貨車停在自己房間的前面。洛磯把索樸抱在雙臂中，但進入房間後，就鬆開了他，讓他使用洗手間，但警告他不要鎖門或撕掉黏在嘴巴上的膠帶。

當索樸回到房間，胡迪尼示意他坐下來，遞給他特蘭奇寫的一封信。當索樸讀完後，胡迪尼以充滿著希望的語氣問：「你現在明白了嗎？你準備好安靜地和我們一起走嗎？」

索樸拿著一支筆和一張紙，趴在床頭櫃上潦草的寫下自己的答案：

我認為你們完全瘋了，現在放我走，我就不追究。

胡迪尼沒有被索樸的回應惹火。「對不起，老兄，此地不作交易。我們只是奉命行事。你去跟特蘭奇醫師討論。」他冷漠地說。但他揉皺紙張，並且把它置入口袋裡，透露出些許的挫折感。

在 5:15，胡迪尼打電話給特蘭奇。在這之前，胡迪尼已等待很久，希望等到有一些好消息可以報告，但現在他不能再拖延不打電話了。

特蘭奇對情況的進展顯然不是很高興，但他仍保持冷靜。當胡迪尼講話時，他耐心地聽著，沒有發表評論。他只簡潔地說：「我再回你電話。在此期間，請不要在貨車上留下起人疑竇的痕跡。」然後就掛斷電話。

虜獲索樸的那兩人已經從他的嘴部撕下了膠帶，但是仍把他綁到他的椅子上。他沒有說一個字，一直以娛樂和蔑視的雙重心情在看著他們。

他們叫了炸雞排到汽車旅館來吃，幾乎是完全沉默地吃，邊吃邊看電視。綁架事件成了晚間的大新聞。對小貨車的描述：灰色福特廠牌的風之星 (Ford Windstar)。對兩名男子的描述：一位是 6 呎 6，250 磅，棕色的長頭髮，長得像一個摔跤選手；另一位是 5 呎 4，150 磅，平頭，瘦瘦的。根據一位目擊者說，小貨車具有阿拉巴馬型的外殼，但是她給警方的車牌數字，卻不符合在該州註冊的任何車輛。胡迪尼聽到這個消息，微笑了，因為他做了正確的事，製造假車牌。

在 6:45 手機響了。特蘭奇對他們宣布：

聽著，我們就這麼辦。

然後快速進入重點：

早晨的第一件事是派瑞西特 (Richter) 飛往 La Guardia，要他在機場租一輛車，開到汽車旅館。在那裡，你們交換車輛。洛磯、你和你們的客人開租來的車子也趕過來這裡。瑞西特把小貨車開回來。如果他被警方攔截，他的形貌將不符合目

擊的描述；如果車輛被搜索時，在車內警方不會發現任何罪證。順便一提，最好你要先確保車子不會洩露任何蛛絲馬跡。

胡迪尼自豪地說：「老闆，當然我們早就清理好了，我們甚至清空車內，並且扔掉過濾器。」然後他又補充說，明知這並不是十分真確，但仍然急著向特蘭奇再度保證：「我不認為會有更多的麻煩了。現在索樸先生乖乖待著，他的確是如此。」

他們看電視看到晚上 11 點鐘，然後準備睡覺。索樸被捆綁著，但沒有封住嘴巴，他睡在兩張床之一，但是他們輪流看管他，洛磯輪到第一個。胡迪尼跳到床上，但並不是真正想要睡覺，他在腦海裡忙著回想一天所發生的事情。

第二天早上，約在中午 12 點，瑞西特來敲門，正是他們要去結帳準備離開時。瑞西特避免直視索樸的眼睛。一陣內疚的感覺閃過他的腦海，但這種感覺沒有延續多久。他告訴自己說，這不是一個真正的綁架案，一旦到了神廟我們對索樸解釋清楚，他就會明白。

當他們進入各自的車輛時，只交換了幾句話。先離開的是租來的車子，這是福特汽車場出產的一部淡藍色的林肯大陸型 (Lincoln Continental) 豪華車，皮座椅和加色的車窗。由胡迪尼開車，洛磯與索樸坐在後座，索樸的雙手綁在他的前面，他的嘴巴仍用膠帶封著，以避免節外生枝。大約 30 分鐘後，瑞西特開的小貨車將會跟上來，在回到芝加哥的整個行程中，兩車之間都要保持著這個差距。胡迪尼把車牌換成原先的偽造車牌。

這是下午稍晚時分，當他們的車子經過賓夕凡尼亞 (Pennsylvania) 時，索樸看見公路巡邏警車停在跟他們同側的路肩上，在大約距離 300 呎的前方處。他一直在等待的機會來臨了，他很快就決定使出一招，以吸引警察的注意，這有一定的風險，但是值得一試。從他坐的地方看不見拖車在快車道上以全速接近，並且準備要超越他們，否則他可能會重新考慮他的決定。

索樸將實況在腦海中審視一遍,現在他已經準備好要開始行動了。在連續運動中,他彎曲他的膝蓋併攏成一個蹲伏的姿勢,然後用他的所有力量對著前面的座椅雙腳猛力向前推撞。胡迪尼的後腦勺受到意外的重擊,使他一時失去對車輛的控制。當洛磯叫嚷出「這是怎麼搞的!……」受到驚嚇的胡迪尼本能地偏向 18 輪大卡車的路徑開過去。

車速超過 75 哩(120 公里)的大卡車,快速撞上車子的側邊。巨大的力道撞破了林肯車的油箱,車子打轉掉到路邊的溝渠,變成四輪朝天,並且立即燃燒,形成火海。

在數哩外都可以看到黑煙柱,在靜止的空氣中直直上升。在夕陽下,瑞西特看見了這場令人痛心的災難,立即用手機打電話給胡迪尼,但沒有回應。他頓時感覺到,在他的胃裡打了一個結。

當他接近事故的現場時,所有的車子都奇慢無比。他看到閃爍著紅燈的警車,以及遠處的消防車,但是他費了漫長的時間才來到夠近的距離,詢問到底發生了什麼事。有人告訴他:「一輛藍色的車子,紐約的車牌,三個人坐在裡面,無人生還。」這些話語一直在他的腦海裡迴盪。

他開著小型車經過林肯車被燒焦的遺骸,然後停在他找到的第一個服務站,旁邊有一間小餐館。他走進去,點了一杯咖啡,然後衝進洗手間,嘔吐出一些東西以幫助他鎮靜下來,但是他還不打算把這個可怕的消息告訴特蘭奇。

在面對悲劇的傷痛之中,一個現實的問題突然湧進他的腦海:警方透過租車的線索無法追蹤到他。因為他使用的信用卡和駕駛執照都是偽造的。胡迪尼已經把從網站上抓下來的資訊「克隆」(cloned,即複製)起來。他在心裡想著,從克利夫蘭 (Cleveland) 來的某個 John N. Lewis,此人將會向警方做一些解釋。

喝過咖啡後,瑞西特感覺好多了,甚至肚子餓了。他拿起手機連絡特蘭奇。

第22章
謎題的最後一塊拼圖

Time is the moving image of eternity.
時間是永恆流動的意像。
—Plato—

Time is what happens when nothing else happens.
時間就是在沒有事情發生時，它仍然發生的東西。
—Richard Feynman—

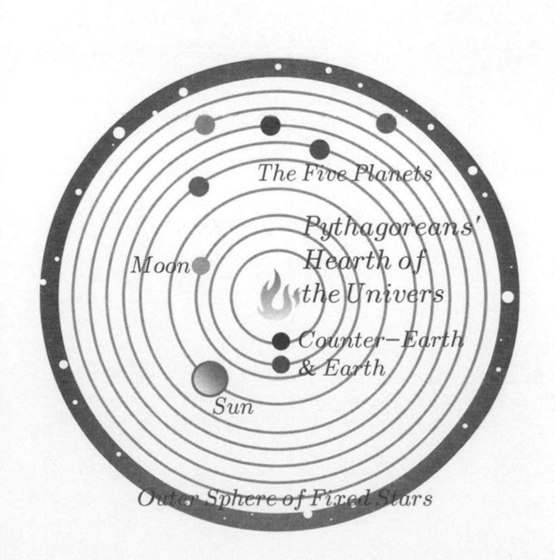

《泰晤士報》的記者已經等待一個半小時了，此時艾瑪・高威 (Elmer Galway) 急忙走進高級會客廳，並且單手抱著一堆文件和書夾。他停了片刻，喘了口氣，環視四周，然後走向他的訪客。

高威伸出他的空手說：

> **非常抱歉我來晚了，摩里森 (Morrison) 先生，我參加了一個極重要的會議，關係到我們的學術期刊預算受到威脅的命運。**

湯姆斯・摩里森 (Thomas Morrison) 現出會心的微笑，並站起身來跟高威握手。他是個溫和的人，三十多歲時就加入倫敦的《泰晤士報》，掙扎多年後，一直到最近才變成一位自由的職業作家。他閱讀報紙時，看到一個標題：「英國與義大利團隊發現了西元前 500 年古希臘的數學紙草書。」於是他馬上聯繫高威教授，請求見面，這是在過去兩個星期以來，牛津大學教授高威所接到許多像這樣的請求之一。

摩里森回應高威的歉意：

> **沒關係的，高威教授。自從新發現公布以來，我以為你會很忙碌，不會想要這麼快就接受採訪。**

高威承認：

> **確實是很忙碌，但我不介意。我很高興看到這次是考古學和歷史學而不是物理學和宇宙論所引起改變的新聞。所有有關電訊傳輸、暗物質和多重宇宙的故事，都可能引起公眾的想像力，但是證據在哪裡呢？如果你想要知道我的看法，我認為他們多半只是純粹推測而已。**

摩里森猶豫了一下，最終還是選擇不作評論，以免在這個問題上被捲入跟教授不必要的論辯。高威也不預期記者會有反應，他已經先到達房間的安靜角落，在那裡他邀請摩里森坐下，自己跌進一個扶手椅裡。

摩里森問道:

你介不介意我錄下我們的談話?

高威回答說:

不介意。

於是摩里森從他的公事包裡拿出一個小錄音機,訪談就開始進行。摩里森:

你能不能先告訴我,在什麼情況下發現紙草書卷?

高威教授在他的椅子上移動,開始述說他的故事:

我們,其實是我的義大利同事 Antonio Marcheggiano 博士與我,第一次聽到紙草書的存在,起因於中世紀的一本書,它是去年秋天在倫敦出現的,後來被拍賣。對這本書的真實性和歷史價值,有人打電話來詢問我的專業意見。這是 13 世紀用阿拉伯文寫在羊皮紙上的書,從希臘文翻譯過來的。據我所知,這本書是著名的哲學家、數學家畢達哥拉斯的一位弟子,約在西元前 500 年寫給另一位追隨者。這本書除了對歷史學家有巨大的價值之外,信中還提到畢達哥拉斯自己在西元前 500 年左右寫的紙草卷手稿。儘管信中沒有提到其內容或可能的所在,但它確實提到手稿應該是「不惜一切代價必須保護」。因此,我們得出結論:因為對紙草書做了一些特別的保護措施,免於被時間蹂躪,這使得紙草書保存到 2500 年後的機率增加。

高威停了下來,再次在他的椅子上移動。
摩里森問道:

你不知道紙草書卷可能會被隱藏在哪裡嗎?

高威：

我毫無概念。如果不是因為發現了另一本書，或者更確切地說，是發現了同一本書的另一部分，那麼故事很可能就此結束。

摩里森：

你是指什麼意思呢？

高威：

本來這本中世紀的書另包括有8頁精心繪製的圖，但這些書頁已被切割掉，大概是被單獨出售，但我們設法獲得它們的影印本。我們強烈懷疑，在那些被巧妙製作的圖、花紋與數學符號中，很高明地隱藏著線索，指出畢達哥拉斯紙草書的位置。問題是，儘管我們很努力，但是我們無法破譯隱藏其中的信息，於是開始懷疑其中有任何信息。

高威繼續告訴摩里森關於他在已故父親的論文裡發現蛇的淺浮雕圖，結合著繪圖，早先他們嘗試破解紙草書被隱藏的地方，但是沒有成功。後來取得義大利當局的許可證後，他和他的同事搜查了新畢達哥拉斯教堂的適當地點，取得了轟動的發現：一本2500年的古老紙草書，被奇蹟般良好的保留下來，相信這是畢達哥拉斯寫的。
記者（摩里森）問：

是有關於什麼的紙草書呢？

高威：

我們仍然在研究它，但可以肯定地說，它包含了許多希臘數學，到現在為止我們只能透過畢氏之後的著作和翻譯本間接地得知。這是現存最古老的文獻，記錄著一些古希臘的數學發現，如此這般，這個文獻在數學史上具有無法估量的價值。

摩里森：

據我所知，從畢達哥拉斯時代以來，絕大多數的紙草書的命運，是因為缺乏特別的照顧以至於在時間的流逝中丟失或毀滅。

摩里森又問：

對於這麼特別的書，有什麼特別的保護措施，確定足以保護它呢？

這是在接受記者採訪時，高威第一次猶豫了一下。他摘下眼鏡，揉一揉眼睛才回答，看上去好像他要仔細選擇他說話的用字。
高威：

事實上，這對我們來說仍然是一個謎，但我們正在努力破解之中。

後來，高威回到他的辦公室，反省他如何接近（或遠離）真相，就是他告訴《泰晤士報》記者的故事，其他人所提出的問題在本質上是相同的，都是有關於紙草書是如何發現的。他告訴自己，他只是省略部分故事來撒謊，而故事完全是真實的，只有一件事情例外：他的義大利同事是到最後才涉入的，而不是從一開始就參與。

在羅馬的探險與尋寶成功後，高威返回牛津大學，他聯絡義大利的 Antonio Marcheggiano，他是著名的考古學家兼 Capitoline 博物館的館長。他告訴這位義大利人，他有線索指向紙草書是畢達哥拉斯寫的，並且最近遇到的若干證據顯示它的可能位置是在羅馬市中心的某處。然後，他提議：Marcheggiano 博士成為他的合作夥伴來搜索手稿，以便幫助他從義大利當局獲得所需的挖掘許可證。

他當時就這樣想，這是最好的事情，因此他就照這樣去做；單獨去做它太危險了。因為即使他是一個發現者，也將失去控制權，因為紙草書將立即屬於義大利的文化遺產。他不相信義大利會允許外國考古學家第一時間研究紙草書，更不用說出版翻譯本。但可以肯定的是，把 Marcheggiano 推上檯面，他跟 Marcheggiano 將是共同的發現者，可一起分享榮耀，也會保證他從一開始就掌握第一手珍貴的紙草書。對他來說，共享收獲是得到他應得那份的唯一方法。

他的計劃成功了，正如他所想像的。在攝影機與強大鎂光燈的見證下，紙草卷由他的團隊與 Marcheggiano「發現」了。在適當的保護措施下，將含納紙草卷的金屬容器放置到一個特殊的保護套裡，然後運送到 Capitoline 博物館修復實驗室，紙草卷在最佳的溫度和濕度條件下被小心地展開來，做數位掃描與各種檢驗和分析。舉行新聞發表會，以不同的語言發出新聞稿，同時開一個派對，以慶祝重大的發現。綜觀這一切，高威與義大利考古學家共享了鎂光燈：他的賭注已見成效。

他們成立了一個三人小組，由高威擔任古書的翻譯與分析。將紙草卷完全展開，其尺寸是 24×96 公分。書卷的文字一列約有 7 公分長，不斷地書寫，字與字之間沒有空格；列與列之間約留有 1 公分的空間。如同古代的習慣，在開始的地方沒有標題，留下一個空間用來保護紙草卷的第一部分。紙草卷沒有作者的簽名，故無法知道是誰寫的，但是從語言的風格和品質來看，很明顯地，寫它的人必是精英且受過很高的教育。此外，從數學的廣度和深度來看，也顯示出作者是深諳這門科學的人。總而言之，考慮了導致其發現的線索，團隊成員強烈地感受到，他們擁有了一種極為罕見的珍寶。在此之前，他們原本以為不存在畢達哥拉斯自己寫的手稿。

紙草書卷的開頭是如下的一段告誡語：

城市或國家的所有居民都應該把神靈的存在擺放在第一位，並且謹記在心。這是他們觀察天上與世界的結果。存有世界

安置著秩序，井然有序地運行。這些都不是機運或人為的作品。

作者宣稱，這個神聖的「有秩序的宇宙」，是由「數」來統治，數管轄的不僅是「天上與地上」的事物，而且還貫穿所有人類的活動與創造。書卷上說，宇宙「永恆存在並且存在到永恆」，它是由五個「數學」正多面體所組成。這些正多面體是四大元素（土，火，空氣和水）的根源，所有的東西都是由它們組成的。土是正 4 面體，空氣是正 8 面體，水是正 20 面體；以及「宇宙」全體是正 12 面體。因此，作者所謂的「數學」立體是指五種正多面體，後來也被稱為柏拉圖的立體。這些被定義為凸的正多面體，它們的每個面都是全等的正多邊形，例如正三角形、正方形、或正五邊形。

下面將一些數學結果列表，進一步呈現秩序與和諧的概念，通常這些都被歸功於畢達哥拉斯學派：

按照性質將數分類為「完美數」、「三角形數」與「正方形數」（參見附錄 V）；關於三角形、多邊形和圓形的定理，其中最著名的是畢達哥拉斯公式；給定任何奇數 n 作為最小的一邊，建構直角三角形的方法，三邊 a, b, c 可用現代的符號表現為如下的畢達哥拉斯公式：

$$a = n,\ b = \frac{n^2 - 1}{2},\ c = \frac{n^2 + 1}{2}$$

例如，當 $n = 3$ 時，就得到周知的三邊為 3, 4, 5 的直角三角形。

紙草卷也提到「最完美的比例，包括四項，如音樂的和諧來形容是適切的」，以數字

$$6,\ 8,\ 9,\ 12$$

來呈現。作者所指的可能是：兩端項的比例 6 : 12 代表的 8 度音階，亦即 (=1 : 2)；其次，6 : 8 與 9 : 12 代表完全 4 度 (=3 : 4)；而 6 : 9 與 8 : 12 代表完全 5 度 (=2 : 3)。此外，9 是兩個端項的算術平均 $(9=\frac{(6+12)}{2})$，8 是它們的調和平均。（給兩個數 a 與 b，它們的調和平均 c 就是 $\frac{(2ab)}{(a+b)}$，或者等價地，$\frac{1}{c}$ 是倒數 $\frac{1}{a}$ 與 $\frac{1}{b}$ 的算術平均。）

紙草卷的結尾提出謎樣般的警告：

未來的假先知，會採用欺騙和誤導的說教，鼓吹混沌勝過秩序與和諧，並且排斥數作為統合萬有的原則，透過這個原則一切存有的完美知識可以實現。在神的幫助下，他必須被制止，他會的。

對於研究紙草書的團隊來說，最後這一部分的含義是晦澀的。他們辯稱，如果一個人忽略它，就會失去很重要的資訊，因為古代的手稿可以看作是畢達哥拉斯的原理和發現的一種彙編，是著名哲學家為造福後代子孫而辛苦保留下來的。

高威很不情願地接受這種解釋，事實上這是團隊中其他兩位成員喜愛的說法，但是他另有一種更挑剔的感覺，認為應該有某種東西並不完全正確，也就是謎題還缺少一塊拼圖。

在 1998 年 11 月下旬，一個沉悶的、寒冷的早晨，高威與「拖鞋」出外做晨間散步回來後，正要去淋浴時，門鈴響了。他預期不會有任何訪客，尤其是在這麼早的時候。

「拖鞋」在高威的身邊吠著，他透過窺視孔看到了一張愉快的臉，是穿著一件藍色大衣和灰色長褲的年輕人。陌生人按錯門鈴的念頭掠過他的腦海，但是很快就一掃而空。當大門剛要半開時，那人就以急切的聲音說：

「你是高威教授嗎？請原諒我的冒昧，但我敢肯定你會感興趣的，我要告訴你有關畢達哥拉斯的事情。」

從這個人的外表來看，他擁有清澈碧綠的眼睛，透露出穎慧的模樣，讓高威確認可以完全打開大門，並且邀請他進來。

「先生，請進來……？」

「戴維森，朱爾・戴維森 (Davidson, Jule Davidson)。」一位不速之客走了進來，立刻成為「拖鞋」徹底嗅聞檢查的對象。高威穿著紅色和白色的條紋浴衣，一路從大廳走進客廳。他沒轉頭就說：「請坐，戴維森先生，我幾分鐘後就會回來。」然後消失了，留下的狗好像是為主人看住陌生人。

朱爾坐進沙發，面對著壁爐，並且研究著房間。因為高威沒有打開電燈，所以房間微暗，只有一個面對著花園的窗口透進光線。牆壁上布滿了相片框，大多是群體的合照，有一些繪畫和一系列顏色鮮豔的非洲面具。傢俱稀疏，一張扶手椅以及沙發旁有兩張小桌子，但也有大量的東西擠在房間，從小象牙雕像，到站立在角落裡的一個大的埃及石棺。有一盞檯燈、落地燈、水晶吊燈，提供了人工照明。

「你是哪裡人，戴維森先生？」這個問題讓朱爾嚇了一跳，他本能地站起來，但被示意繼續坐在高威旁邊，而高威已經改穿粗花紋上衣和燈芯絨褲子。

「準確地說，我來自美國東部新罕布夏州 (New Hampshire)。」

「你來就是要告訴我，我們的共同朋友畢達哥拉斯嗎？」高威以逗趣的聲音說著。他坐在房間的扶手椅裡，似乎很喜歡這位未預約就來訪的美國客人。

「其實，我趁著休假到歐洲來旅行。我有充足的時間。順便說一下，我欠你一個道歉。」朱爾俯身向前，看著高威：「幾個月前，有人闖進了你的房子，偷走了你的電腦，我覺得我該負部分的責任，我會解釋為什麼。由於入侵和偷竊，請你接受我誠摯的道歉。」

高威沒想到對話會轉變成這樣。他顯得有點緊張，這從他的聲音就可以感覺得出來。

「我猜，你不是那個闖入者吧?」

「不，那個人已經死了。」

經過一陣尷尬的沉默之後，由朱爾首先打破冰點:「讓我從頭開始說，我不認為你知道美國的…嗯…，」他猶豫了一下，「有一個名為『燈塔』的擬似宗教組織。」

「是的，我不知道。那是什麼呢?」

「事實上，他們是一個新畢達哥拉斯教派，尊崇畢達哥拉斯為教主。」

「我知道在羅馬帝國時代存在有那種神祕教派，但我不知道有任何現代的新畢達哥拉斯教團。你是該教派的成員嗎?」

「不，但是我為他們工作，他們聘請我幫忙他們尋找畢達哥拉斯。」

高威從他的座位上幾乎跳了起來。

「對不起，我沒聽錯吧?」

「是的，這正是他們想要的。」

「我們是在談論相同的畢達哥拉斯嗎?」

「是的，但讓我解釋一下。該教派領導人聲稱，在某個不起眼的中東圖書館裡，已經找到了可靠的證據說，畢達哥拉斯的靈魂將轉世在 20 世紀的中期。」朱爾停頓了一下，觀察高威的反應。教授依然面無表情，等著他繼續說下去。

「我認為這是他們忠心的行為。無論是哪種情況，他們希望找到畢達哥拉斯的輪迴轉世者，並說服他成為他們的教主和導師。」

「你相信輪迴轉世嗎?」

「起初我不相信，但是發生了一些事情，我不知道我該相信什麼了。我是搜索團隊的一員，當我們得知一本中世紀的書，指涉到畢達哥拉斯，在倫敦出售了，我們想知道裡面含有什麼。因為我們買不起那本書，我的意思是，所以我們團隊的成員就偷了你的電腦，希望能從你的文件中找到翻譯。」

高威打斷他的話，語氣有點諷刺地說：「結果你們得到了，恭喜啦!」

「抱歉，但它並沒有幫助我們探索畢達哥拉斯。」

「最終你找到了他嗎?」高威直截了當地問。當然他期望得到不夠格的否定答案，但是朱爾的回答絕不是否定的。

「過了一段時間，我想我們已經找到他了，但後來我就不再那麼肯定。」

高威無法掩飾自己的困惑。他向前移動到座位的邊緣。

「你這是什麼意思?」高威緊盯著朱爾問。

於是朱爾告訴他，他們原以為證據確鑿，諾頓・索樸是畢達哥拉斯的靈魂轉世者。他沒有提及悲慘的綁架插曲，只悲傷且單純地說，在他們還未及跟索樸說話之前，他就在一次車禍中喪生。在任何情況下，對於綁架事件，警方從來都沒有追查到特蘭奇或新畢達哥拉斯教派。這樣一位高級科學家的死亡，曾引起聯邦調查局 (FBI) 廣泛的調查，但聯邦調查局做出的結論是：警方已掌握到洛磯，他在一位同謀的幫助下，為了贖金綁架了索樸。

有一段時間高威不再說什麼了。他似乎在下面兩者之間掙扎：斷然排除靈魂轉世的任何可能性；或者在朱爾的故事中，承認也許有某種東西超越單純的巧合。

「你曾說，你不再確信索樸是畢達哥拉斯的靈魂轉世者，為什麼呢?」高威終於問道。

朱爾終於說出他的深刻見解：

> 最近我讀到索樸在死後出版的論文，這是一種數學的遺囑。順便提一下，你從來沒問我，我從事什麼工作。我是一位數學家，所以我可以充分欣賞索樸具有決定性結果的意義：

隨機性和混沌才是數學的核心，而不是可預測性和秩序。

這對於其他科學也具有深遠的影響，特別是物理學，因為如果你不能跟它們作連結，你就無法解題或證明事物。畢達哥拉斯的思想完全相反，他主張：

數統治著宇宙，而不是偶然的機運，
若能解開數的祕密，就可以理解任何事物。

然而從索樸的眼光來看，數的祕密大部分是堅不可破的，所以畢達哥拉斯的計劃從一開始就注定要失敗。說穿了：如果我們把畢達哥拉斯比為基督，那麼索樸就是反基督的，他怎麼可能是畢達哥拉斯的靈魂轉世者呢？

朱爾停頓了一下，注意觀察高威對他說的話有什麼反應。教授克制著興奮，他張開著嘴，但沒有發出任何聲音，直到最後才開口。高威自言自語地對自己說：

謎題缺少的一塊拼圖……「要謹防假先知以欺騙與誤導的說教，鼓吹混沌勝過秩序與和諧」。

高威引用畢達哥拉斯在紙草書裡最後一部分的話語，如今在他面前透露出了新的亮光。
高威對朱爾說：

畢達哥拉斯有關靈魂轉世的預測，終究可能是正確的。

朱爾不知道在教授的內心裡發生了什麼事情。
高威繼續說：

讓我來告訴你，將不同的拼圖片，作可能的結合，以重建過去，這並不是一門精確的科學。

接著高威作長篇大論:

畢達哥拉斯也許是從一個神諭 (Oracle), 或者只是他的一個夢, 這我並不確定, 他得知: 在未來某個時候有一位無與倫比的智者, 受到世界各地的仰慕和尊敬, 將宣稱他有一個證明: 實際統治世界的是機運和混沌, 而不是可預測性和有秩序的數。對於畢達哥拉斯而言, 這樣的人必會被看作是反畢達哥拉斯的化身——或如你所說的, 反基督——他會傳播虛假和邪惡的想法防止人們去理解實相的本質。對於這位未來的異教徒必須不惜一切代價加以制止, 這就是畢達哥拉斯的靈魂轉世者的任務。

然後畢達哥拉斯寫下他最珍貴的結果, 以及交代他的任務是要給他自己的靈魂轉世者提供這項訊息, 並且建立一套保存文件的機制, 也許是透過監管人, 把文件一代接著一代傳遞下去。這可以解釋, 為什麼要採取特別小心的措施來保護它的理由。有一些古代的歷史學家, 例如 3 世紀的哲學家波菲利 (Porphyry, 約 233–304), 提到後來有某些文件, 都是經由畢達哥拉斯的門徒傳給他們自己的兒子或妻子, 保留在家庭中以便嚴加保護, 這個訓令已經遵循很長一段時日了。

在某個點上, 珍貴的紙草書隱藏在新畢達哥拉斯的某個教堂裡, 也許是由某個信仰神祕教的人保管著, 這是最好的保護方法, 尋找和認出畢達哥拉斯靈魂轉世者的線索, 都留在教主的信件裡; 其中提到畢氏手中的手稿; 蛇的浮雕圖案, 刻在石頭上「完美的 10 之四元說」(Tetraktys); 希臘詩篇, 也許還有其他的等等。這些文件的抄本和翻譯, 並不總是忠實或完整的, 但已經流傳了許多世紀。它們之中的大多數已經遺失或損壞, 但人們發現它就在阿西西地方的聖法蘭西斯 (St. Francis) 大教堂的內部。在 1997 年 9 月所發生的大地震,就暴露出中世紀的書，它啟動了一連串的事件，導致發現珍貴的紙草書。

朱爾一直聽著而不敢打斷教授的講話。他有許多疑惑，但有一個問題特別想要知道，於是他急切的問：

那麼你認為索樸可能是反基督者，或是畢達哥拉斯最害怕的反畢達哥拉斯者嗎？我可以這麼說嗎？

高威：

我並沒有這麼說。我的故事在最佳的情況下，也只是一個合理的猜測；在最壞的情況下，則是胡亂猜測。就我個人而言，我不相信靈魂轉世，但如果我相信的話，我不會排除這個可能性：索樸是兼具反畢達哥拉斯和畢達哥拉斯的靈魂轉世者。由於這位轉世者，具有非凡的智力，並且擁有 20 世紀的科學和數學知識，這反而摧毀了他自己學說的根基。

朱爾搖了搖頭說：

如果是這樣的話……，這是多麼地諷刺啊！你的轉世者成為你的最可怕敵人！

然後坐回柔軟的且深的沙發裡，他覺得累了。

上午已過了一半，他們都不曾吃過任何東西。

高威站起身來說：「我餓了，你呢?」不等朱爾開口，高威又補充說：「到廚房來，我來為我們做一些早餐。」

第23章 最終的完美結局

Pythagroas : *God is number.*（上帝是數。）

Plato : *God ever geometrizes.*

（上帝恆做著幾何化的工作。）

Jacobi : *God ever arithmetizes.*

（上帝恆做著算術化的工作。）

Jeans : *The Great Architect of the universe now begins to appear as a mathematician.*

（從今開始宇宙的設計師似乎是一位數學家。）

Kronecker : *God made the integer; all else is the work of man.*

（上帝創造整數，其它都是人創造的。）

「各位客艙的旅客，請坐到位子上。」機長的聲音充滿在微暗的商務客艙之中，艾瑪・高威與布萊德雷・瓊斯頓 (Bradley Johnston) 正舒適地坐在自己的位子上。英航 93 的國際班機從倫敦 Heathrow 機場 (Heathrow) 起飛，前往加拿大多倫多 (Toronto)，現在終於要抵達終點站了。高威望著窗外，飛機穿梭在薄雲層之中，細雨正打著窗格。此刻是 2000 年的春天，回想伊蓮娜・孟特揚 (Irena Montryan) 第一次到牛津大學尋求高威的幫忙時，是由他先前的學生瓊斯頓出面接待的，從那時到現在，沒想到已過了兩年半的時間。

布萊德雷・瓊斯頓也期盼再次見到伊蓮娜，並且希望有機會更深入認識她，可以想見得到，接下來的幾個小時她會很忙。一部豪華轎車到機場來接他們到下榻的旅館。他們安排的時間很緊湊，先入關檢驗、接著到旅館梳洗、穿衣，然後趕赴博物館晚上 7 : 30 的開幕式。地方上許多重要人士與官員都會來參加這個儀式。高威被邀請在隔天的下午發表一場演說，布告欄已貼出預告，他要講有關於紙草書卷的內容以及其發現過程的故事。

布萊德雷本人沒有被安排節目，而他可能要跟隨在高威的左右，當他的助理，這讓他感到不是滋味，但伊蓮娜堅持他必須一起來，因為博物館邀請他並給予費用。也許在她的心中另有打算，想到這個可能性就讓他釋懷，心情就開朗起來。

安大略省皇家科學博物館新古典廳的外部掛滿鮮豔的布幕，長布條上面很顯眼的寫著：

數學：從源頭到邊界

建築物內有一間房間，在慎重且嚴格的安全維護下，我們可以看到「展示之星」的魅力。在房間中央的一個玻璃櫃內，完全被攤開來，有兩束的錐形燈光給玻璃櫃照明，並且上面的標籤寫著：

現存最古老的希臘數學發現記錄
以古代希臘無間隔文字（Ionian 字母）書寫
歸功於作者畢達哥拉斯
紙草本，時間約為 500 B.C.
借自羅馬的 Capitoline 博物館

附錄 *I*

朱爾的解答

底下我們要來計算 canyousolveit.com 的網站 (p.5) 所提出的機率問題，其中所涉及的概念、公式應該都是學過排列與組合的高中生所熟悉。

問題

考慮 n 頂帽子任意分配給 n 個球員，我們要計算全都拿錯帽子的機率。

令 A_k 表示第 k 個球員拿到自己帽子的事件，那麼

$$\bigcup_{k=1}^{n} A_k \equiv A_1 \cup A_2 \cup \cdots \cup A_n$$

表示至少有一個人拿到自己帽子的事件。其反面就表示沒有人拿到自己帽子的事件，令其為 F。於是

$$F \equiv \Omega \backslash \bigcup_{k=1}^{n} A_k$$

我們欲求事件 F 的機率 $P(F)$，亦即求

$$P(F) = 1 - P(\bigcup_{k=1}^{n} A_k)$$

今已知 $P(A_k) = \dfrac{(n-1)!}{n!}$, $P(A_i \cap A_j) = \dfrac{(n-2)!}{n!}$, $P(A_i \cap A_j \cap A_k) = \dfrac{(n-3)!}{n!}$ 等等。由取捨原理 (Inclusion-Exclusion Principle) 得到

$$\begin{aligned} P(\bigcup_{k=1}^{n} A_k) &= \sum_{k=1}^{n} P(A_k) - \sum_{i<j} P(A_i \cap A_j) + \sum_{i<j<k} P(A_i \cap A_j \cap A_k) - \cdots \\ &= C_1^n \frac{(n-1)!}{n!} - C_2^n \frac{(n-2)!}{n!} + C_3^n \frac{(n-3)!}{n!} - \cdots \pm C_n^n \frac{n!}{n!} \\ &= 1 - \frac{1}{2!} + \frac{1}{3!} - \frac{1}{4!} - \cdots \pm \frac{1}{n!} \end{aligned}$$

從而

$$P(F)=1-P(\bigcup_{k=1}^{n}A_k)=1-[1-\frac{1}{2!}+\frac{1}{3!}-\frac{1}{4!}-\cdots\pm\frac{1}{n!}]$$

$$=1-[1-\frac{1}{2!}+\frac{1}{3!}-\frac{1}{4!}-\cdots\pm\frac{1}{n!}]$$

$$=1-1+\frac{1}{2!}-\frac{1}{3!}+\frac{1}{4!}-\cdots\pm\frac{1}{n!}$$

這就是我們所欲求的機率。

當球隊的人數 $n=12$ 時，此機率約為 0.3679。當 $n\to\infty$ 時，對上式取極限，得到機率為

$$1-1+\frac{1}{2!}-\frac{1}{3!}+\frac{1}{4!}-\cdots+(-1)^{n+1}\frac{1}{n!}+\cdots=e^{-1}\approx 0.3679.$$

附錄 *II*

質數有無窮多個

高威曾經遇到歐幾里德 (Euclid) 的證明——質數有無窮多個。此處我們簡潔引入質數並且證明這個結果。

如果一個正整數可以分解成為兩個較小正整數的乘積，例如 28(=4×7) 與 315(=9×35)，則稱為合數 (composite numbers)。那些不能分解的數稱為*質數* (prime numbers)。換個方式來說：一個正整數 $p>1$，若它的因數只有 1 與本身 p，則稱 p 為一個質數。此時 p 只能作直觀的分解 $p=1\times p$。質數是整數系的「原子」，由此出發可以組合出所有的整數，也就是我們有：

定理 （算術根本定理）

任何大於 1 的正整數都可以分解成一些質數的乘積（或本身已是質數），並且若不計較因子的順序，則分解是唯一的。

我們不預備證明這個美妙的定理，請讀者自己思考（自己想出的一個答案勝過別人告訴你的一千個答案），或參閱任何一本數論的書。

因此，任何大於 1 的正整數都可被某個質數整除。例如，$4095=3\times3\times5\times7\times13$ 可被 3, 5, 7, 13 整除。

首 10 個質數為 2, 3, 5, 7, 11, 13, 17, 19, 23, 29。將質數逐一列舉出來，這終究會停止或永不止息？換言之，質數的集合是有限集或無窮集呢？歐幾里德在他的《原本》裡回答了這個問題。他的答案是說，質數有無窮多個，但是他不使用「無窮」的字眼【譯者註】！歐氏這樣敘述他的結果：

定理 (原本 IX，定理 20)

給定任何有限多個質數，則可以再找到另一個質數。

質數是組成自然數的「原子」。質數有無限多個，表示「原子」足夠多樣。歐氏的證明簡短且漂亮。此地我們複製他的證明，但採用現代的記號來表現。

證明

給定有限多個質數 $2, 3, 5, \cdots, p$，到 p 為止。我們要證明，可以找到比 p 大的質數。先建構一個足夠大的數 $2\times3\times5\times\cdots\times p$，再加上 1 得到

$$N=(2\times3\times5\times\cdots\times p)+1$$

此數比所有列出的質數還要大。N 只有質數或不是質數兩種情形。若 N 為質數，則質數不只是到 p 為止。若 N 不是質數，則它可被某個質數 H 整除。因為已列出的質數都不能整除 N（餘數皆為 1），所以 H 不會是它們中的任何一個。無論如何，我們都找到新的質數。因此，質數不只是到 p 為止。■

在 2006 年 9 月，有人利用電腦的程式，發現 $2^{32,852,657}-1$ 為一個質數。在當時，這是已知的最大質數。它是一個很大的天文數字，大約有一千萬位數，排起來可以延伸 20 公里長。大約在 2300 年前，沒有電腦的幫忙，歐幾里德就知道，存在著這麼大的質數，甚至還有更大的質數，因為他證明了這件事。這顯示了數學證明的威力。

【譯者註】

這裡有「希臘人對無窮的恐懼」(the Greek horror of the infinite) 之歷史背景，起因於畢氏學派在幾何學中採用「有窮可分的離散觀點」，大膽地假設：任何兩線段都是可共度的 (commensurable)，從而建立幾何學。起先相當成功，後來發現正方形的一邊與對角線不可共度 (incommensurable)，正五邊形的一邊與對角線亦然，這震垮了畢氏學派的幾何學。從此希臘人盡量避開「無窮」。

附錄 *III*
隨機數列

奧地利出生的數學家 Richard von Mises(1883–1953) 在 1919 年提出如下的定義:

定義

一個無窮數列 s，由 0 與 1 所組成，如果它滿足下列兩個條件，我們就稱它為隨機數列 (random sequence):

(a) s 滿足大數法則 (the law of large numbers)，亦即 0 與 1 出現的數量相當，或更精細地說，在首 n 項中，令 x 表示出現 0 的次數，那麼當 $n \to \infty$ 時 x/n 的極限趨近於 0.5。

(b)從 s 中合理地取出的任何子序列也滿足大數法則。

將 von Mises 的定義應用 0 與 1 交錯的數列 0 1 0 1 0 1 0 1 …，顯然這不是一個隨機數列，因為將偶數項取出形成的子序列 1 1 1 1 1 … 不滿足條件(a)。類似地，其它許多數列直觀看來並不是隨機的，結果也不滿足 von Mises 的條件，因此它們在技術面上真的不是隨機的。

不幸的是，von Mises 所提出的定義具有基本的缺點: 在「合理地」選取子序列中，他沒有明確指定「合理」的意思。為了彌補這個情況，美國數學家 Alonzo Church 在 1940 年建議，將 von Mises 的定義(b)修改成只適用於可計算的子序列 (computable subsequence)，亦即子序列的各項可以用電腦的程式定義出來。雖然 Church 的觀念，好處是可讓定義精確，但是後來發現到這樣的例子: 有數列從直觀看起來是不隨機的，但是卻滿足 von Mises-Church 的「隨機」概念。因此，經過修飾過的隨機定義仍然包含太大，從而二進位隨機數列仍然無法敲定。

附錄 IV
畢氏定理的簡單視覺圖證

以 $a+b$ 為一邊作一個正方形，它的面積為 $(a+b)^2$ 或

$$a^2+b^2+2ab \tag{1}$$

另一方面，將此正方形分割成四個以 a, b, c 為邊的直角三角形，以及一個以 c 為邊的正方形，如下圖所示。那麼此正方形的面積為

$$c^2+4\times\frac{1}{2}ab \text{ 或 } c^2+2ab \tag{2}$$

因為(1)與(2)是相同面積的兩種不同表現，所以

$$a^2+b^2+2ab=c^2+2ab$$

從而

$$a^2+b^2=c^2$$

這就證明了畢氏定理。

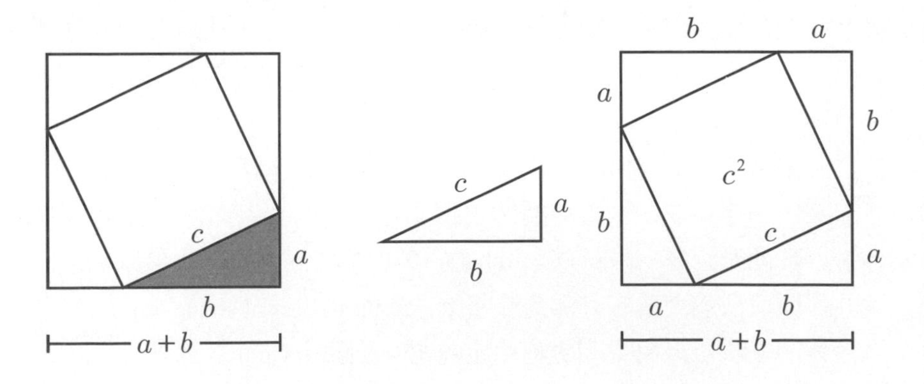

附錄 V
完美數與有形數

完美數 (Perfect Numbers)

對於數的研究，利用數的所有真因數之和跟原數作比較，將數作出分類，這是畢氏學派的貢獻。

(i)如果和小於原數，則稱原數為不足數 (the defective numbers)。

(ii)如果和大於原數，則稱原數為過剩數 (the excessive numbers)。

例如：15 為一個不足數，因為 $1+3+5<15$；而 24 為一個過剩數，因為 $1+2+3+4+6+8+12>24$。

(iii)如果這個和等於原數，則稱原數為完美數 (the perfect numbers)。例如：$6(=1+2+3)$ 與 $28(=1+2+4+7+14)$ 皆為完美數。

在歐氏《原本》(The Elements) 第 IX 冊的最後一個定理，他給出建構完美數的一個方法：

定理

如果 2^n-1 為一個質數，則乘積 $2^{n-1}(2^n-1)$ 為一個完美數。

上述的完美數 6 與 28，分別是取 $n=2$ 與 $n=3$，代入歐氏公式得到的。其後的兩個完美數是 496（當 $n=5$）與 8128（當 $n=7$）。

如果你留下一個印象，認為利用歐氏公式可以輕易找到許多完美數，那你就錯了【譯者註】。古希臘人所知的完美數只有上述四個。一直要等到 15 世紀才再發現第五個完美數 $2^{12}(2^{13}-1)$。今日所知的完美數總共約有 40 個，它們的迷人理論仍然含有許多單純的、未解決的問題，例如：有無奇數的完美數？完美數是有限個或無窮多個？

【譯者註】

事實上，要判斷 2^n-1 為一個質數很困難。

三角形數 (Triangular Numbers)

畢氏學派習慣於用點或小石子來表現抽象的數，而且排列成幾何形狀的模式。最簡單的是三角形數。

畢達哥拉斯發現接續 n 個自然數（由 1 開始）之和：$1+2+3+\cdots+n$ 為一個三角形數。例如 $1+2+3+4+5$ 為三角形數 15，這是如上圖由 15 個點所排成的邊長為 5 的三角形。

正方形數 (Square Numbers)

將前 n 個奇的自然數相加 $1+3+5+\cdots+(2n-1)$ 就是一個正方形數：

上述的和永遠會產生一個正方形數，這可以採用幾何的圖解看出來，如上圖所示。我們也可以採用代數的恆等公式看出來：

$$1+3+5+\cdots+(2n-1)=n^2.$$

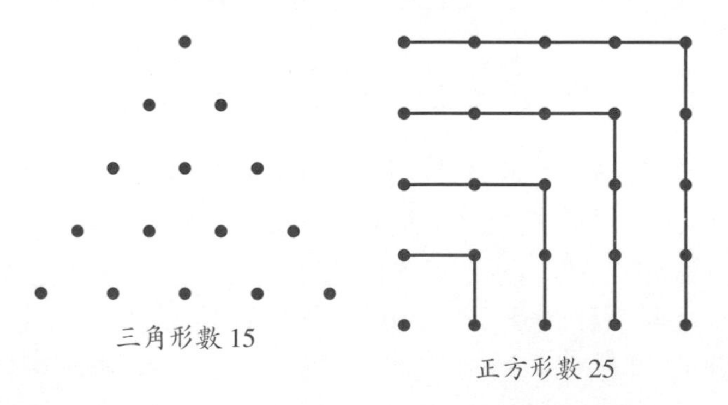

三角形數 15　　正方形數 25

註解、功勞簿與參考文獻

Main source on Pythagoras and the Pythagoreans:

The Pythagorean Sourcebook and Library, compiled and translated by Kenneth Sylvan Guthrie, introduced and edited by David R. Fideler. Grand Rapids, MI: Phanes Press, 1987.

Additional sources:

W.K.C. Guthrie, *A History of Greek Philosophy, Vol.* 1, *The Earlier Presocratics and the Pythagreans*. Cambridge: Cambridge University Press, 1962.

Charles H. Kahn, *Pythagoras and the Pythagoreans*: *A Brief History*. Indianapolis, IN: Hackett Publishing, 2001.

Chapter 1

Source on the history of the Fifteen Puzzle:

Y. I. Perelman, *Fun with Math and Physics*. Moscow: Mir Publishers, 1988.

Chapter 2

Illustration (Greek coin): Courtesy of the Philosophical Research Society.

Chapter 4

Proclus' quote from Ivor Thomas, *Greek Mathematical Works, Vol. I, Thales to Euclid*. Great Britain: Fletcher & Son, 1939, p. 155.

Giovanni Beizoni's book was published in London by John Murray.

Chapter 8

Epigraph from George Johnston Allman, *Greek Geometry from Thales to Euclid*. Dublin: Hodges, Figgis & Co., 1889.

Proof of the incommensurability of the diagonal based on an argument in Lucio Russo, *La Rivoluzione Dimenticata*. Milan: Feltrinelli, 1996, p. 53.

Chapter 10

Flaws in random number generators based on:

Alan M. Ferrenberg, David. P. Landau, and Y. Joanna Wong, "Monte Carlo Simulations: Hidden Errors from 'Good' Random Number Generators," *Physical Review Letters* 69, no. 23, December 7, 1992, pp. 3382–3384.

William Bown, "Gambling on the Wrong Numbers from Monte Carlo." *New Scientist* 24, April 1993. p. 16.

Chapter 11

Thorp's ground breaking result and its consequences based on:

Gregory Chaitin, "A Random Walk in Arithmetic." *New Scientist*, March 24,1990.

C. S. Calude and G. J. Chaitin, "Randomness Everywhere." *Nature* 400, July 22, 1999, pp.319–320.

Marcus Chown, "The Omega Man." *New Scientist*, March 10, 2001, pp. 29–31.

For more on randomness in mathematics, see Chaitin's latest books:

Megta Math!: *The Quest for Omega*. New York: Pantheon, 2005.

Thinking about Godel and Turing: *Essays on Complexity*, 1970–2007. Singapore: World Scientific, 2007.

Chapter 13

Epigraph from K.S. Guthrie, *The Pythagorean Sourcebook and Library*, 1987, p.117.

Chapter 14

The excerpts from "Song of the Hindu" on pages 89–90 are from *Return of the Aryans*, by Bhagwan S. Gidwani, and they are reproduced courtesy of the publishers (Penguin Books India) and the author.

Chapter 16

Excerpts from the book on the beginnings of Greek mathematics are quotations (slightly edited) from Árpád Szabó, *The Beginnings of Greek Mathematics*. Dordrecht, Holland/Boston, MA: D. Reidel Publishing, 1978, pp. 186–191.

Chapter 17

The figure showing the illustration from the medieval book reproduced from Jerôme Carcopino, *De Pythagore aux apôtres*:*étude sur la conversion du monde romain*. Paris: Flammarion, 1956, p. 116, with permission from the publisher.

Chapter 19

Passage from Homer quoted from *Homer*: *The Odyssey*, World's Classics, Walter Shewring, translator. Oxford and New York: Oxford University Press, 1980, p. 101.

Chapter 20

Description of the Neo-Pythagorean basilica based on:

George H. Chase, "Archaeology in 1917." *The Classical Journal* 14, no. 4 (January 1919), pp. 250–251.

譯者補充書目

1. Tobias Dantzig (2007): *Number*, *the Language of Science*. A Plume Book.
2. G. F. Simmons (1992): *Calculus Gems*, *Brief lives and memorable mathematics*. with portraits by Maceo Mitchell. New York, McGraw-Hill.
3. E. T. Bell (1974): *The Magic of Numbers*. Dover Publications, INC. New York.
4. John McLeish (1991): *The Story of Numbers*, *How Mathematics Has Shaped Civilization*. Fawcett Columbine, New York.
5. John M. Lee (2013): *Axiomatic Geometry*. American Mathematical Society.
6. Thomas Heath (1981): *A History of Greek Mathematics*. *Vol. I & II*, Dover.
7. David Burton (1995): The *History of Mathematics*, *An Introduction*. Wm. C. Brown Publishers.
8. W. S. Anglin (1994): *Mathematics*: *A Concise History and Philosophy*. Springer-Verlag.

9. W. S. Anglin (1995): *The Heritage of Thales*. Springer.
10. Bertrand Russell (1959): *Wisdom of the West*. Macdonald, London.
11. Morris Kline (1982): *Mathematics in Western Culture*. Penguin Books.
12. John Stillwell: (1998): *Numbers and Geometry*. Springer-Verlag.
13. Eli Maor (2007): *The Pythagorean Theorem, A* 4000-*Year History*. Princeton University Press.
14. Alfred S. Posamentier (2010): *The Pythagorean Theorem, the story of its Power and Beauty*. Prometheus Books, New York.
15. Alexander Ostermann, Gerhard Wanner(2012): *Geometry by Its History*. Springer.
16. George Johnston Allman (1889): *Greek Geometry from Thales to Euclid*. Dublin University Press Series.
17. David Wells (1987): *The Penguin Dictionary of Curious and Interesting Numbers*.
18. David Wells (1991): *The Penguin Dictionary of Curious and Interesting Geometry*. Penguin Books.
19. David Wells (1997): *The Penguin Book of Curious and Interesting Mathematics*.
20. Lucas N. H. Bunt, Phillip S. Jones, Jack D. Bedient (1988): *The Historical Roots of Elementary Mathematics*. Dover Publications, INC. New York.
21. V. I. Arnold (2007): *Yesterday and Long Ago*. Springer.
22. Thomas Stanley (2010): *Pythagoras, His Life and Teaching*. Ibis Books.
23. Kitty Ferguson (2011): *Pythagoras, His Lives and The Legacy of a Rational Universe*. Icon Books.
24. Priya Hemenway (2005): *Divine Proportion*, Φ (*Phi*) *In Art*, *Nature*, *and Science*. Sterling Publishing, New York.

25. Marcus du Sautoy (2011): *The Number Mysteries*. Fourth Estate, London. 郭婷瑋漢譯，臉譜出版社，台北，2011.

26. 小川洋子：博士熱愛的算式。王蘊潔漢譯，麥田出版社，台北，2011. 已拍成電影，市面上可買到 DVD 影片。

27. Malba Tahan: 數學天方夜譚。鄭明萱漢譯，貓頭鷹出版社，台北，2009.

28. Dan Brown (2003): *The Da Vinci Code*（達文西密碼）。尤傳莉漢譯時報出版社，台北，2012.

圖片出處

1. 第 1 章扉頁：shutterstock
2. 第 2 章扉頁：wikipedia
3. 第 3 章扉頁：wikipedia
4. 第 4 章扉頁：wikipedia
5. 第 6 章扉頁：wikipedia
6. 第 7 章扉頁：shutterstock
7. 第 8 章扉頁：wikipedia
8. 第 11 章扉頁：Guillaume Jacquenot Gjacquenot
9. 第 23 章扉頁：shutterstock

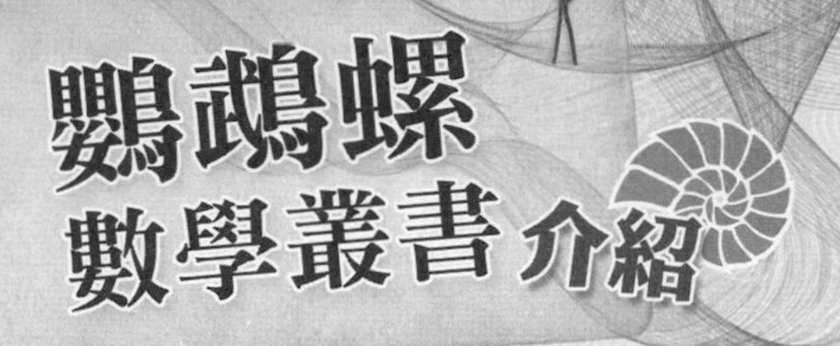

數學拾貝　蔡聰明／著

數學的求知活動有兩個階段：發現與證明。並且是先有發現，然後才有證明。在本書中，作者強調發現的思考過程，這是作者心目中的「建構式的數學」，會涉及數學史、科學哲學、文化思想等背景，而這些題材使數學更有趣！

數學悠哉遊　許介彥／著

你知道離散數學學些什麼嗎？你有聽過鴿籠（鴿子與籠子）原理嗎？你曾經玩過河內塔遊戲嗎？本書透過生活上輕鬆簡單的主題帶領你認識離散數學的世界，讓你學會以基本的概念輕鬆地解決生活上的問題！

微積分的歷史步道　蔡聰明／著

微積分如何誕生？微積分是什麼？微積分研究兩類問題：求切線與求面積，而這兩弧分別發展出微分學與積分學。微積分最迷人的特色是涉及無窮步驟，落實於無窮小的演算與極限操作，所以極具深度、難度與美。

鸚鵡螺數學叢書介紹

從算術到代數之路 —讓 x 噴出，大放光明— 蔡聰明／著

最適合國中小學生提升數學能力的課外讀物！本書利用簡單有趣的題目講解代數學，打破學生對代數學的刻板印象，帶領國中小學生輕鬆征服國中代數學。

數學的發現趣談 蔡聰明／著

一個定理的誕生，基本上跟一粒種子在適當的土壤、陽光、氣候……之下，發芽長成一棵樹，再開花結果的情形沒有兩樣——而本書嘗試盡可能呈現這整個的生長過程。讀完後，請不要忘記欣賞和品味花果的美麗！

摺摺稱奇：初登大雅之堂的摺紙數學 洪萬生／主編

共有四篇：

第一篇　用具體的摺紙實作說明摺紙也是數學知識活動。
第二篇　將摺紙活動聚焦在尺規作圖及國中基測考題。
第三篇　介紹多邊形尺規作圖及其命題與推理的相關性。
第四篇　對比摺紙直觀的精確嚴密數學之必要。

鸚鵡螺 數學叢書介紹

藉題發揮 得意忘形　　葉東進／著

本書涵蓋了高中數學的各種領域，以「活用」的觀點切入、延伸，除了讓學生對所學有嶄新的體驗與啟發之外，也和老師們分享一些教學上的經驗，希冀可以傳達「教若藉題發揮，學則得意忘形」的精神，為臺灣數學教育注入一股活泉。

機運之謎 —數學家 Mark Kac 的自傳—　Mark Kac 著／蔡聰明 譯

上帝也喜愛玩丟骰子的遊戲，用一隻看不見的手，對著「空無」拍擊出「隻手之聲」。因此，大自然的真正邏輯就在於機率的演算。而 Kac 的一生就如同機運般充滿著未知，本書藉由作者的自述，將帶領讀者進入機運的世界。

數學放大鏡 ——暢談高中數學　　張海潮／著

本書精選許多貼近高中生的數學議題，詳細說明學習數學議題都應該經過探索、嘗試、推理、證明而總結為定理或公式，如此才能切實理解進而靈活運用。共分成代數篇、幾何篇、極限與微積分篇、實務篇四個部分，期望對高中數學進行本質探討和正確應用，重建正確的學習之路。

鸚鵡螺 數學叢書介紹

蘇菲的日記

Dora Musielak／著
洪萬生 洪贊天 黃俊瑋 合譯
洪萬生 審定

《蘇菲的日記》是一部由法國數學家蘇菲 · 熱爾曼所啟發的小說作品。內容是以日記的形式，描述在法國大革命期間，一個女孩自修數學的成長故事。從故事中不僅能看到一個不平凡女孩的學習之旅，還能看到 1789-1794 年間，當時巴黎混亂社會的真實記述，而她後來也成為數學史上第一位且唯一一位對費馬最後定理之證明有實質貢獻的女性。